Mathematik heute 5/6

Materialien

Herausgegeben von
Heinz Griesel, Helmut Postel

Schroedel

Mathematik heute 5/6

Materialien

Herausgegeben von

Prof. Dr. Heinz Griesel
Prof. Helmut Postel

Bearbeitet von

Heiko Cassens, Manfred Popken, Dieter Wolny

ISBN 3-507-**83650**-3

Druck [6] / Jahr 2004

Illustration: Theo Scherling; Graphik: Scholz & Partner, Utesch
Satz: UMP Utesch Media Processing GmbH, Hamburg
Druck und Bindung: pva GmbH, Landau

Inhaltsverzeichnis

Zum Umgang mit diesen Materialien

Dieses Heft ist als Hilfe sowohl für Schülerinnen und Schüler als auch für Lehrerinnen und Lehrer gedacht. Es enthält:

- ▲ Spielvorschläge,
- ▲ Spielpläne mit Spielbeschreibung als Kopiervorlagen,
- ▲ Körpernetze für die platonischen Körper,
- ▲ Kopiervorlage für ein „Glücksrad" zur Bruchrechnung,
- ▲ Blankovorlagen für:
  - Tabellen,
  - Zahlenstrahlen,
  - Stellentafeln,
  - Kreise zur Veranschaulichung von Brüchen,
  - Gitternetze,
  - Winkel.

Das Material ist so konzipiert, dass es sich einerseits an das Konzept der Neubearbeitung von *Mathematik heute* hält, andererseits aber auch als eigenständiges Material benutzt werden kann.

Die Tabellen, Zahlenstrahlen und Stellentafeln sind so gestaltet, dass sie unmittelbar zu Aufgaben aus verschiedenen Länderausgaben von *Mathematik heute* verwendet werden können.

Die Spiele sind so ausgewählt, dass sie zu den jeweiligen Kapiteln von *„Mathematik heute"* verwendet werden können. Wenn auf bereits dort aufgeführte Spiele eingegangen wird, handelt es sich entweder um zusätzliche Alternativen, oder es werden Tabellen als Kopiervorlagen vorgegeben, die den Spielverlauf erleichtern, oder es handelt sich um Spiele, bei denen erst das Spielmaterial (z.B. Karten) hergestellt werden muss, in diesem Fall sind dann Kopiervorlagen vorhanden.

Die in diesem Heft vorgestellten Spiele gibt es entweder als Kopiervorlage, sie sind als Schüleranweisung formuliert und können unmittelbar eingesetzt werden, oder als Spielbeschreibungen für den Lehrer. In diesem Falle kann es sich z. B. um schnelle Spiele handeln, die keinen großen Aufwand benötigen oder um Kreisspiele, bei denen es meist sinnvoller ist, das Spiel mündlich zu erklären.
Grundsätzlich können alle Seiten mit copyright © als Kopiervorlagen benutzt werden.

Die beiden ersten Spiele in diesem Heft (Seite 8) können als Spiele zum Kennenlernen eingesetzt werden. In der Klasse 5 kommen in der Regel Kinder aus unterschiedlichen Grundschulklassen zusammen. Sie müssen sich gegenseitig kennenlernen, um eine neue Klassengemeinschaft zu bilden.
Das **KENNENLERN-MEMORY** ist ein Kreisspiel und so angelegt, dass die Kinder die Namen ihrer Mitschüler spielerisch lernen und sich nebenbei noch große Zahlen merken müssen.
Das **WECHSELSPIEL** ist ein Aktionsspiel, das auch im späteren Unterricht immer wieder aufgegriffen werden kann. Als Spiel für die erste Phase des 5. Schuljahres ist es geeignet, da die Kinder durch die Aktionen schneller Kontakt miteinander bekommen.

Für alle in diesem Heft vorkommenden Spiele wird eine Spielanleitung angegeben oder der Spielverlauf skizziert. Ausnahmen sind die Memory- und Domino-Spiele, die öfter vorkommen. Deshalb werden die Spielregeln für diese beiden Spiele hier aufgeführt. Sie gelten für alle Memory- und Domino-Spiele mit Ausnahme des KENNENLERN-MEMORY, das eine eigene Beschreibung hat.

Zum Umgang mit diesen Materialien

MEMORY
Die Karten werden verdeckt gemischt und dann in Form eines Rechtecks verdeckt auf dem Tisch angeordnet.
Jeder Spieler darf nun zwei Karten aufdecken. Erwischt er ein Paar, das den gleichen Zahlenwert hat, darf er es an sich nehmen und noch einmal zwei Karten aufdecken. Im anderen Fall macht der nächste Spieler weiter.
Wer Karten nicht aufnehmen kann, muss sie wieder dahin legen, wo sie gelegen haben. Die Ordnung der Karten darf nicht durcheinander gebracht werden, sonst ist das Spiel witzlos.
Das Spiel ist zu Ende, wenn alle Karten verbraucht sind. Wer die meisten Kartenpaare gesammelt hat, ist Sieger.

DOMINO
Die 32 Karten werden verdeckt gemischt. Dann nimmt jeder Spieler acht Karten. Die restlichen 16 Karten bleiben verdeckt liegen. Sie bilden den „Talon".
Es wird gelost, wer beginnt. Der erste Spieler legt eine Karte offen aus und falls möglich eine zweite Karte passend an. Die zweite Karte muss in einer Hälfte den gleichen Wert haben, wie eine der beiden Hälften, der ersten Karte.

Beispiel:

$\frac{11}{11}$	$\frac{5}{6}$

erste Karte

$\frac{30}{36}$	$\frac{1}{6}$

zweite Karte

Der Mitspieler hat nun zwei Möglichkeiten eine passende Karte zu finden, im Beispiel eine Karte, die entweder dem Bruch $\frac{11}{11}$ *oder aber* $\frac{1}{6}$ *entspricht.*

Es darf immer nur an die beiden offenen Enden angelegt werden.
Wenn ein Spieler keine passende Karte hat, muss er aus den noch verdeckt liegenden Karten (dem Talon) eine Karte nehmen. Wenn auch diese Karte nicht passt, kommt der andere Spieler dran.
Man darf keine Karte zurücklegen, und man darf nie mehr als eine Karte an die Domino-Schlange anlegen.
Das Spiel geht so lange weiter, bis entweder ein Spieler keine Karten mehr hat oder bis keiner der beiden Spieler mehr anlegen kann. Gewonnen hat, wer weniger Karten in der Hand hat.

TIPP: Spielpläne und Karten, die öfter verwendet werden, sind haltbarer, wenn man sie laminiert. Laminatoren gibt es inzwischen an immer mehr Schulen und Institutionen, wo man sie auch leihweise benutzen kann.

STELLENTAFEL

Billionen			Milliarden			Millionen			Tausender			Hunderter	Zehner	Einer

Billionen			Milliarden			Millionen			Tausender					
									HT	ZT	T	H	Z	E
10^{14}	10^{13}	10^{12}	10^{11}	10^{10}	10^{9}	10^{8}	10^{7}	10^{6}	10^{5}	10^{4}	10^{3}	10^{2}	10^{1}	1

ZAHLENSTRAHL

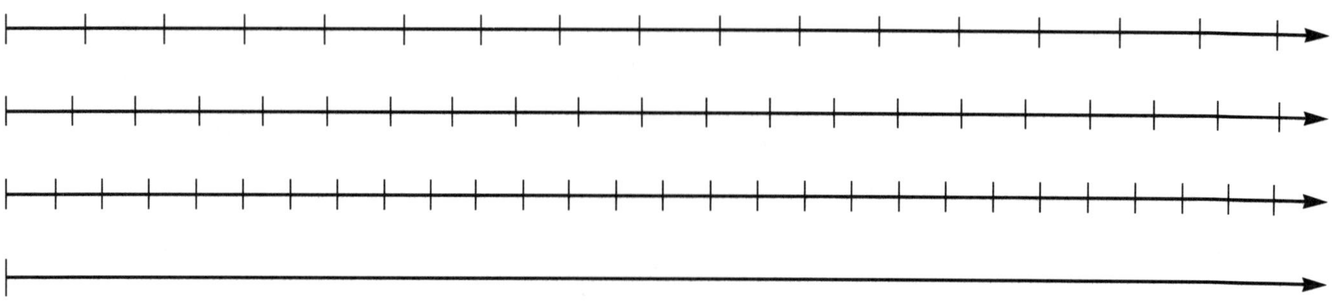

STELLENTAFEL – VIERERSYSTEM

4096	1024	256	64	16	4	1

4096	1024	256	64	16	4	1

STELLENTAFEL – ZWEIERSYSTEM

512	256	128	64	32	16	8	4	2	1

512	256	128	64	32	16	8	4	2	1

KENNENLERN-MEMORY **für die ganze Klasse im Sitzkreis**

Material: Zettel in Klassenstärke

Vorbereitung: Auf je zwei Zettel wird die gleiche 6-stellige Zahl geschrieben. Bei einer ungeraden Anzahl von Schülern spielt der Lehrer mit.

Spielverlauf: Das Spiel läuft in zwei Phasen ab:
- Vorstellungsphase und
- Suchphase.

Für die erste Phase werden die Zettel gemischt und verteilt. Anschließend steht der Reihe nach jeder Schüler auf und nennt seinen Vornamen und seine Zahl.

Beispiel: Mein Name ist Sarah und ich habe die Zahl 175 465.

In der zweiten Phase sollen sich die jeweiligen „Zahlenpartner" finden. Man muss also versuchen sich zu merken, welcher Schüler die gleiche Zahl hat wie man selbst.

Falls Sarah die zweite Phase beginnt, kann sie z.B. sagen: „Mein Partner ist Jens, er hat die Zahl 175 465." Wenn Jens die Zahl hat, zeigt er sie vor und beide setzen sich außerhalb des Kreises. In jedem Fall kommt danach der linke Nachbar von Sarah dran.

WECHSELSPIEL **für die ganze Klasse im Sitzkreis**

Material: Zettel in Klassenstärke oder breites Klebekreppband

Vorbereitung: Jedes Kind schreibt eine Zahl zwischen 1 und 100 auf den Zettel oder auf den Kreppbandstreifen.

Spielverlauf: Der Zettel wird deutlich sichtbar vor die Brust gehalten bzw. der Kreppstreifen wird auf die Brust geklebt. Ein Schüler steht in der Mitte des Sitzkreises und gibt die Spielanweisung.

Beispiele:
„Alle Schüler mit einer Zahl größer als 47 wechseln die Plätze."
„Alle Schüler mit Zahlen, die durch 2 teilbar sind, wechseln die Plätze."
„Alle Schüler mit einer Zahl, die größer als 18 und kleiner als 75 ist, wechseln die Plätze."
„Alle Schüler mit einer zweistelligen Zahl wechseln die Plätze."

Alle Kinder, auf deren Zahl die Beschreibung zutrifft, müssen ihre Plätze wechseln. Das Kind in der Mitte versucht nun ebenfalls einen Stuhl zu ergattern. Wer übrigbleibt, gibt jetzt die neue Spielanweisung.

DER DRITTE IM BUNDE

für 12 Spieler

Material: Zettel in dreifacher Klassenstärke, Sicherheitsnadeln oder Klebeband zum Befestigen.

Vorbereitung: Jeder Schüler bekommt drei Zettel. Auf einen schreibt er eine beliebige vierstellige Zahl, auf die beiden anderen jeweils den Nachfolger bzw. den Vorgänger.

Beispiel: 4569 | 4570 | 4571

Spielverlauf: Der Spielleiter wählt 4 Schüler aus und mischt deren Zettel. Dann werden diese Zettel 12 Schülern einer Gruppe so auf dem Rücken befestigt, dass sie ihre eigene Zahl nicht sehen können. Auf ein Kommando des Spielleiters versuchen alle Mitspieler ihre „Vorgänger-Zahl-Nachfolger"-Gruppe zu finden und sich in der richtigen Reihenfolge aufzustellen. Das Siegertrio scheidet aus.
In einem zweiten Durchgang können dann die Schüler mitspielen, die im ersten Durchgang ausgesetzt haben.

Variante (etwas lauter): *Beispiel:* 4569 | 4570/**Z** | 4571

Die Ursprungszahl wird mit einem **Z** gekennzeichnet. Jeder Mitspieler einer Gruppe erhält seinen Zettel in die Hand, so dass nur er seine Zahl lesen kann. Auf ein Kommando des Spielleiters ruft der Schüler mit dem **Z** auf seinem Zettel seine Zahl laut in die Runde. Die Schüler mit dem Vorgänger und dem Nachfolger der gerufenen Zahl müssen sich schnell zu ihm gruppieren und in der richtigen Reihenfolge aufstellen.

Variante: Schwieriger wird das Spiel, wenn man Zahlen mit dem gleichen Tausenderwert nimmt.

Beispiel: 6544, 6545, 6546; 6099, 6100, 6101;
6499, 6500, 6501; 6794, 6795, 6796.

WER HAT DIE HÖCHSTE HAUSNUMMER?

für 2 bis 5 Spieler

Material: 1 Würfel, Tabelle

Spielverlauf: für die 3-spaltige Tabelle
Jeder Mitspieler würfelt 3-mal und entscheidet nach jedem Wurf, in welche der drei Spalten er sein Ergebnis eintragen möchte. Es entsteht eine 3-stellige Zahl. Wer die größte Zahl in seiner Tabelle stehen hat, gewinnt.

Variante 1: Ihr benützt die 4-spaltige Tabelle. Dann darf jeder 4-mal würfeln.

Variante 2: Bei WER HAT DIE KLEINSTE HAUSNUMMER? gewinnt der Spieler mit der kleinsten Zahl.

Variante 3: Falls vorhanden benutzt ihr einen 8-seitigen Würfel (Oktaeder).
Es gibt dann mehr Möglichkeiten.

GRÖSSER, ABER NICHT AM GRÖSSTEN

für 4 Spieler

Material: pro Spieler 4 Würfel

Spielverlauf:

1. Schritt:
Die Mitspieler machen gleichzeitig einen Wurf mit je einem Würfel. Die 4 Würfel werden nach aufsteigender Augenzahl geordnet und das Ergebnis als Zahl hingeschrieben.

Beispiel:

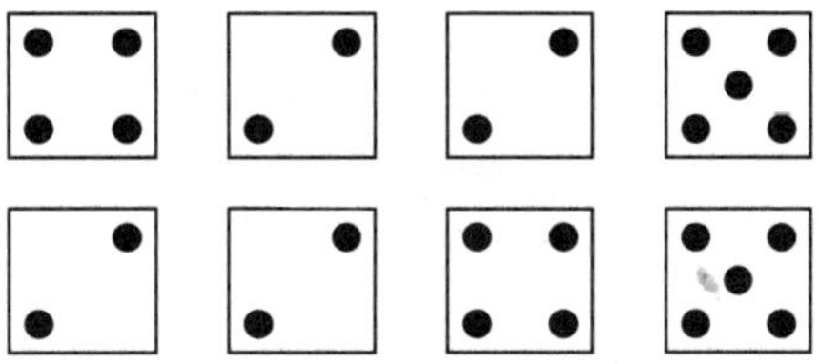

Wurf

Würfel geordnet

2 2 4 5 *Die Zahl heißt 2245.*

Die ermittelte Zahl ist die **Startzahl** und wird auf einen Zettel geschrieben.

2. Schritt:
Jeder Spieler wirft mit seinen 4 Würfeln gleichzeitig. Jetzt werden die Würfel so geordnet, dass eine Zahl entsteht, die größer als die Startzahl ist, die Differenz zu ihr aber möglichst klein ist.
Der Spieler, der die kleinste Zahl hat, die größer als die Startzahl ist, erhält 4 Punkte, der nächste erhält 3 Punkte usw. Wenn ein Spieler keine Zahl legen kann, die größer als die Startzahl ist, erhält er 0 Punkte.

Beispiel: **Startzahl 2245**

1. Spieler kann die Zahl	*2256 legen*	*Differenz: 11*	*4 Punkte*
2. Spieler	*2315*	*Differenz: 70*	*3 Punkte*
3. Spieler	*3146*	*Differenz: 901*	*2 Punkte*
4. Spieler	*4556*	*Differenz: 2311*	*1 Punkt*

Hätte ein Spieler z.B. 2211 geworfen, dann hätte er 0 Punkte bekommen.

Anschließend wird eine neue Startzahl geworfen und eine neue Runde beginnt. Wer zuerst 30 Punkte hat, ist Sieger.

Variante:

1. Schritt: Wie oben.

2. Schritt:
Jeder Spieler wirft mit seinen 4 Würfeln gleichzeitig. Jetzt werden die Würfel so geordnet, dass eine Zahl entsteht, die entweder **größer oder kleiner** ist als die Startzahl, die Differenz zwischen der Zahl und der Startzahl aber möglichst klein ist.
Der Spieler mit der kleinsten Differenz zwischen seiner Zahl und der Startzahl erhält 4 Punkte usw.

HAUSNUMMERN IN DER VIERERSTRASSE

für 2 bis 4 Spieler

Material: Tabelle, ein Würfel, der nur die Werte 1, 2 und 3 hat

Vorbereitung: Am günstigsten ist ein Würfel, der nur die Werte 1, 2 und 3 hat. Dazu könnt ihr einen Blankowürfel (das ist ein Würfel, auf dem nichts steht) zweimal mit der 1, zweimal mit der 2 und zweimal mit der 3 beschriften. Oder ihr nehmt einen normalen Würfel und überklebt die Augenzahl 4, 5 und 6 mit 1, 2 und 3.
Steht nur ein „normaler" Würfel zur Verfügung, kann man auch eine Vereinbarung treffen:
Augenzahl 1 und 6 ⟶ 1 Punkt
Augenzahl 2 und 5 ⟶ 2 Punkte
Augenzahl 3 und 4 ⟶ 3 Punkte

Spielverlauf: Jeder Spieler würfelt einmal und entscheidet, in welche der 4 Spalten seiner Tabelle er sein Ergebnis einträgt. Wenn alle gewürfelt haben, kommt wieder der erste Spieler an die Reihe, der jetzt sein zweites Ergebnis in eine der übriggebliebenen Spalten einträgt. Am Schluss steht eine Zahl im Vierersystem. Die Zahlen werden ins Zehnersystem übertragen und notiert.

Beispiel:

Erster Spieler:

2	3	3	1

$2 \cdot 64 + 3 \cdot 16 + 3 \cdot 4 + 1 \cdot 1 = 189$
Der erste Spieler notiert 189.

Zweiter Spieler:

3	1	2	1

$3 \cdot 64 + 1 \cdot 16 + 2 \cdot 4 + 1 \cdot 1 = 217$
Der zweite Spieler notiert 217.

Die Zahlen der nächsten Runden werden dazu addiert. Wer zuerst 1000 erreicht hat, ist Sieger.
Zur Erleichterung können die Tabellen auch als Stellentafeln geschrieben werden:

64	**16**	**4**	**1**

64	**16**	**4**	**1**

EINS LIEGT FALSCH **für 1 bis 2 Spieler**

Material: ein Päckchen Streichhölzer

Problem: Die folgenden Rechnungen in römischer Schreibweise sind alle falsch.
Du sollst daraus richtige Rechnungen machen.
Lege jeweils die Rechnung mit Streichhölzern nach.
Jetzt kannst du durch Verlegen *eines* Streichholzes eine richtige Rechnung daraus machen.
Schreibe die Lösung auf; versuche alle Lösungsmöglichkeiten herauszufinden.

Beispiel: IX + V = XVI

Lösung 1: X + VI = XVI

Lösung 2: IX + V = XIV

Findest du eine dritte Lösung?

Aufgaben:

XXI − VI = X

X + II = VII

IV + IV = X

XXI − VI = XXVI

V + I = V

I + I = I

Im Folgenden werden einige Würfelspiele vorgestellt, die sich zum Üben der Grundrechenarten eignen. Würfelspiele haben den Vorteil, dass keine große Vorbereitung nötig und der Materialaufwand meist auf Würfel und Schreibmaterial beschränkt ist.

VON 1 BIS 20 **für 1 bis 4 Spieler**

Material: 3 Würfel

Vorbereitung: Jeder Spieler schreibt die Zahlen von 1 bis 20 in einer Liste auf.

Spielverlauf: Es wird mit allen 3 Würfeln geworfen. Aus den gewürfelten Augenzahlen wird eine Zahl von 1 bis 20 errechnet und in der Liste gestrichen.
Ziel des Spiels ist es, alle Zahlen von 1 bis 20 zu streichen.
Man darf alle Grundrechenarten verwenden. Es müssen alle gewürfelten Augenzahlen verwendet werden, aber jede Augenzahl nur einmal.
Pro Runde darf jeder Schüler bis zu drei Zahlen streichen.

Beispiel 1:

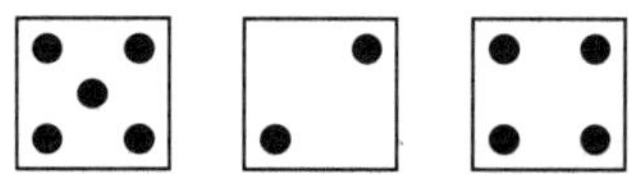

$4 \xrightarrow{+2} 6 \xrightarrow{-5} 1$

$5 \xrightarrow{\cdot 4} 20 \xrightarrow{:2} 10$

$5 \xrightarrow{+2} 7 \xrightarrow{-4} 3$

Die Zahlen 1, 3 und 10 dürfen in dieser Runde gestrichen werden.

Beispiel 2:

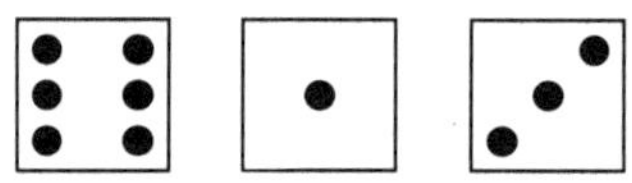

$6 \xrightarrow{:3} 2 \xrightarrow{-1} 1$

$6 \xrightarrow{\cdot 3} 18 \xrightarrow{+1} 19$

$6 \xrightarrow{\cdot 1} 6 \xrightarrow{+3} 9$

Die Zahlen 1, 9 und 19 dürfen in dieser Runde gestrichen werden.

Variante: Pro Runde dürfen so viele Zahlen wie möglich gestrichen werden, allerdings nur, wenn die Reihenfolge der Zahlen eingehalten werden kann.
Man muss also erst die 1, dann die 2, dann die 3 usw. streichen.
Wenn ich z.B. in der ersten Runde 1, 2, 8 und 12 errechnen kann, darf ich nur die 1 und die 2 streichen, da die 3 fehlt. In der nächsten Runde muss ich dann versuchen, die 3 zu erreichen.

DREIUNDACHTZIG **für 2 bis 4 Spieler**

Material: 2 Würfel

Spielverlauf: Zuerst schreibt jeder Spieler auf ein Blatt Papier die Zahl 83 als Ausgangszahl. Dann wird reihum mit beiden Würfeln geworfen. Der Spieler, der an der Reihe ist, muss nun beide geworfenen Zahlen nacheinander verwenden. Es können alle vier Grundrechenarten angewendet werden.
Ziel des Spiels ist es, genau auf 0 zu kommen.

Beispiel: *Es wird*  *und*  *geworfen.*

Mögliche Rechenoperationen: $83 \xrightarrow{-2} 81 \xrightarrow{:3} 27$

27 ist jetzt für diesen Spieler die neue Ausgangszahl.

OHNE REST GEHT`S NICHT **für 2 bis 4 Spieler**

Material: 1 Würfel

Vorbereitung: Jeder Spieler schreibt die Startzahl 50 auf ein Blatt Papier.

Vereinbarung: 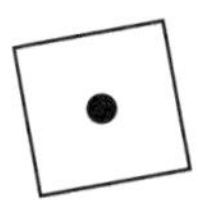 $\triangleq$ 10

Spielverlauf: Jeder würfelt einmal und teilt anschließend die Startzahl durch seine gewürfelte Zahl. Bleibt kein Rest (Augenzahl: 1, 2, 5), ändert er nichts und der nächste Spieler ist an der Reihe. Würfelt er aber z.B. die Augenzahl 4, so rechnet er: 50 : 4 = 12 Rest 2. Dieser Rest wird von der Startzahl abgezogen, das Ergebnis ergibt die neue Ausgangszahl. In diesem Fall also 50 – 2 = 48.
Wer als erster die Zahl 10 genau erreicht, ist Sieger.
Falls gegen Ende des Spiels eine Zahl berechnet wird, die kleiner als 10 ist, so wird beim nächsten Mal der Rest addiert.

Beispiel:
Ausgangszahl 11 *gewürfelt*  *Rest 3*

neue Ausgangszahl 11 – 3 = 8 *gewürfelt* 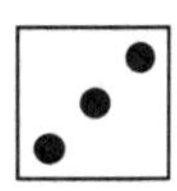 *Rest 2*

8 + 2 = 10 *Gewonnen!*

GROSSE RESTE SIND DAS BESTE

für 3 oder 4 Spieler

Material: 24 Kärtchen mit Zahlen von 1 bis 24, je eine Tabelle

Spielverlauf: Die Karten werden gemischt und als Stapel verdeckt auf den Tisch gelegt. Dann denkt sich der jüngste Spieler eine Ausgangszahl (Startzahl) zwischen 25 und 100 aus. Diese wird in die erste Spalte der Tabelle eingetragen. Jetzt zieht der erste Spieler eine Karte und teilt die Startzahl durch die gezogene Zahl. Der Divisionsrest wird zur Startzahl addiert, die Summe wird als zweite Ausgangszahl in die zweite Spalte eingetragen.

Beispiel:

Startzahl

Ausgangs-zahl: *Dividend*	38	38 + 2 40	40 + 0 40	40 + 6 46
Gezogene Zahl: *Divisor*	9	4	17	
Divisonsrest	2	0	6	

In der ersten Runde hat der Spieler einen Divisionsrest von 2.
Neue Ausgangszahl: 38 + 2 = 40.

In der zweiten Runde gibt es keinen Divisionsrest, die Ausgangszahl bleibt gleich: 40 + 0 = 40.

In der dritten Runde ist der Divisionsrest 6.

Wenn alle Karten aufgedeckt sind, ist das Spiel beendet. Wer dann die höchste Ausgangszahl hat, ist Sieger.

TABELLEN

Ausgangszahl: *Dividend*										
Gezogene Zahl: *Divisor*										
Divisonsrest										

Ausgangszahl: *Dividend*										
Gezogene Zahl: *Divisor*										
Divisonsrest										

Ausgangszahl: *Dividend*										
Gezogene Zahl: *Divisor*										
Divisonsrest										

RESTE-JAGD **für 2 bis 4 Spieler**

Material: Spielplan, 1 Würfel, pro Spieler eine Spielfigur (unterschiedliche Farben)

Spielverlauf: Zu Beginn stehen alle Figuren auf dem Startfeld mit der Zahl 17. Spieler A (z.B. der mit dem kürzesten Vornamen) fängt an zu würfeln. Die Zahl 17 wird durch die Augenzahl geteilt und der Divisionsrest berechnet. Der Rest gibt an, um wie viele Schritte die Figur von Spieler A weiterbewegt wird. Anschließend kommt Spieler B an die Reihe. Wenn Spieler A wieder an der Reihe ist, muss er die neue Zahl durch die Augenzahl teilen.
Kommt ein Spieler auf eines der folgenden Felder (Bedingungsfeld): ◆, ▼, ◊↓, muss er die entsprechende, unten angegebene Anweisung ausführen.
Ist ein Feld bereits besetzt, wird die vorhandene Figur ein Feld zurückgesetzt. Ist das neue Feld ein Bedingungsfeld, muss die Anweisung von dem Spieler erfüllt werden, dessen Spielfigur zurückgesetzt wurde.
Bei Feld (22) kann man sich für einen der beiden Wege entscheiden. Das gilt auch dann, wenn die Spielfigur nicht direkt auf dem Feld steht.
Wer zuerst das Ziel genau erreicht, hat gewonnen.

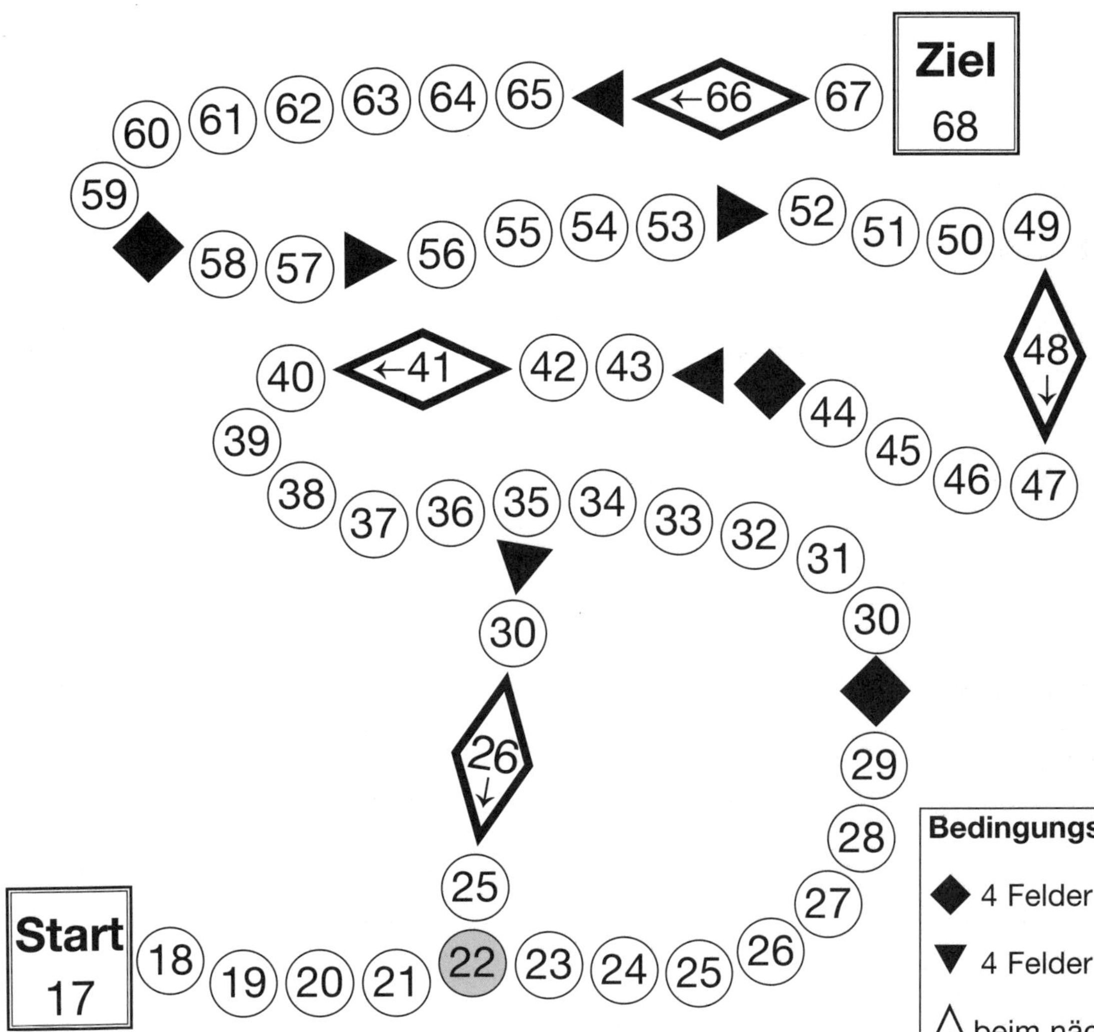

Bedingungsfelder

◆ 4 Felder vor

▼ 4 Felder zurück

◊↓ beim nächsten Mal rückwärts gehen

Terme, Rechengesetze, Gleichungen/Ungleichungen

GLEICHUNGEN

Einsetzung für x	Gleichung eingesetzt	berechnet	Aussage ist w / f

UNGLEICHUNGEN

Einsetzung für x	Ungleichung eingesetzt	berechnet	Aussage ist w / f

GLEICHUNGEN

Einsetzung für x	Gleichung eingesetzt	berechnet	Aussage ist w / f

UNGLEICHUNGEN

Einsetzung für x	Ungleichung eingesetzt	berechnet	Aussage ist w / f

TERMIX **für 2 bis 6 Spieler**

Material: Spielplan, 1 Würfel

Spielverlauf: Zuerst müsst ihr euch in der Gruppe entscheiden, ob ihr Spiel 1 oder Spiel 2 spielen wollt.
Jetzt wird reihum gewürfelt. Der Spieler mit dem längsten Vornamen fängt an. Die gewürfelte Zahl muss nun von jedem Mitspieler in ein freies Feld seines Spielplans eingetragen werden. Alle Spieler verwenden also die gleiche Zahl, jeder darf sich aber aussuchen, in welches Feld er sie setzt.
Wenn alle Felder besetzt sind, wird jede Aufgabe ausgerechnet und die Ergebnisse werden addiert. Der Spieler mit dem größten Endergebnis hat gewonnen.

Achtung: Es gibt Fälle, in denen ihr eine Aufgabe nicht ausrechnen könnt:
1. die Division geht nicht auf *(Beispiel 6 : 5),*
2. die größere Zahl wird von der kleineren abgezogen *(Beispiel 3 – 5).*
In diesen Fällen wird die Aufgabe gestrichen, zählt also 0 Punkte.

SPIEL 1

$(\square + \square) \cdot \square =$

$\square : \square + \square =$

$\square \cdot (\square - \square) =$

$(\square + \square) : \square =$ ______________

} +

SUMME:

SPIEL 2

$(\square - \square) \cdot (\square + \square) =$

$\square \cdot \square + \square - \square =$

$(\square + \square) : \square + \square =$ ______

} +

SUMME:

NICHT ÜBER 21

für 2 bis 4 Spieler

Material: 4 Würfel, 15 Spielmarken (Pfennige, Streichhölzer o. Ä.)

Spielverlauf: Es wird mit allen Würfeln geworfen. Ziel ist es, die Zahl 21 zu erreichen oder knapp darunter zu bleiben; Ergebnisse über 21 zählen nicht. Es dürfen alle Grundrechenarten angewendet werden. Es müssen alle Augenzahlen verwendet werden, aber jede nur einmal.
Nach jeder Runde bekommt jeder Spieler, der genau 21 hat, eine Spielmarke. Wenn niemand die 21 erreicht hat, bekommt der Spieler eine Marke, der am nächsten an der 21 ist.
Das Spiel ist zu Ende, wenn alle Spielmarken verteilt sind. Gewonnen hat der Spieler mit den meisten Marken.

Beispiel:

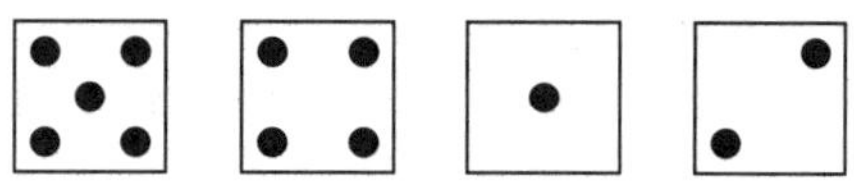

$5 \cdot 4 + 2 - 1 = \mathbf{21}$
$(5 + 4) \cdot 2 + 1 = 19$
$(5 + 4 + 1) \cdot 2 = 20$

WER IST SO SCHLAU UND TRIFFT GENAU?

für 2 Mannschaften mit je 1 bis 2 Spielern

Material: 5 Würfel

Spielverlauf: Die erste Mannschaft würfelt mit zwei Würfel eine zweistellige Zahl, wobei die kleinere Augenzahl den Zehner und die größere Augenzahl den Einer darstellt.
Die zweite Mannschaft würfelt mit drei Würfeln und muss versuchen, mit den gewürfelten Augenzahlen eine Aufgabe zu konstruieren (+, -, ·, :), deren Ergebnis möglichst „dicht" an die vorgegebene Zahl herankommt.
Abweichungen werden als Minuspunkte notiert.
Immer abwechselnd müssen die Mannschaften Zahlen würfeln und Aufgaben konstruieren.
Die Minuspunkte jeder Mannschaft werden addiert.
Sieger ist, wer nach 10 Durchgängen die wenigsten Minuspunkte hat.

Beispiel:

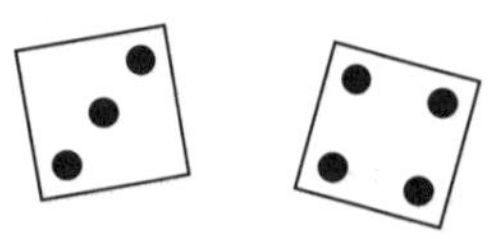

Mannschaft 1 hat die Zahl 34 vorgegeben.

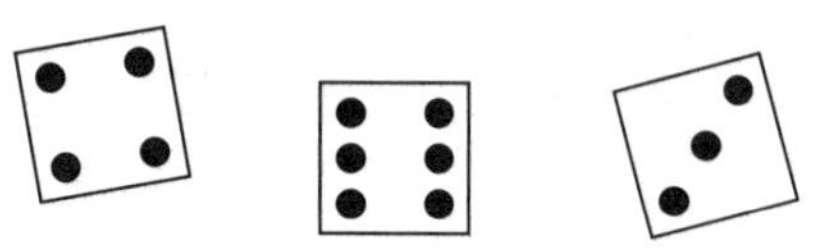

Mannschaft 2 kann die Aufgabe
$(6 + 3) \cdot 4 = 36$ konstruieren
und erhält 2 Minuspunkte.

QUADRATGITTER (KOORDINATENSYSTEM)

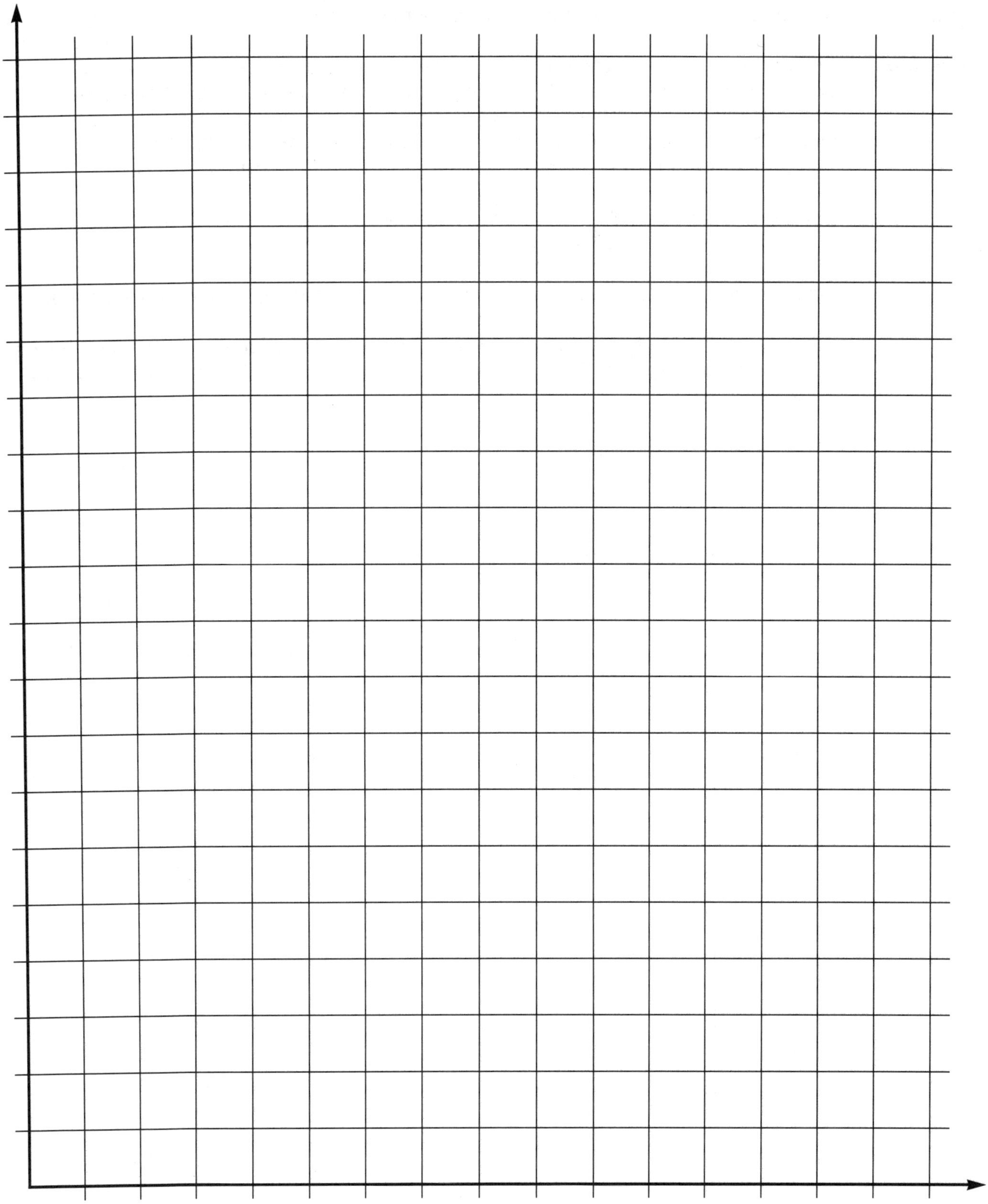

VIER IN EINE REIHE

für 2 Spieler

Material: pro Spieler 2 Würfel, 15 Spielplättchen einer Farbe

Spielverlauf: Es wird mit beiden Würfeln geworfen. Die Augenzahlen der beiden Würfel geben die Koordinaten für dein Spielplättchen an. Die Augenzahl des einen Würfels gibt den Rechtswert an. Die Augenzahl des anderen Würfels gibt den Hochwert an. Welcher Würfel den Rechtswert und welcher den Hochwert angibt, kannst du entscheiden. Dann kommt dein Spielpartner dran.

Beispiel: Du hast 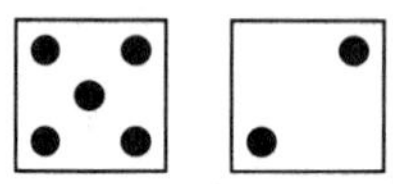 *gewürfelt. Du kannst im Quadratgitter entweder den Punkt (5/2) oder den Punkt (2/5) mit einem Spielplättchen markieren.*

Wer zuerst 4 Plättchen nebeneinander, übereinander oder schräg in einer Reihe hat, hat gewonnen. Die Reihe kann also waagerecht, senkrecht oder diagonal verlaufen.

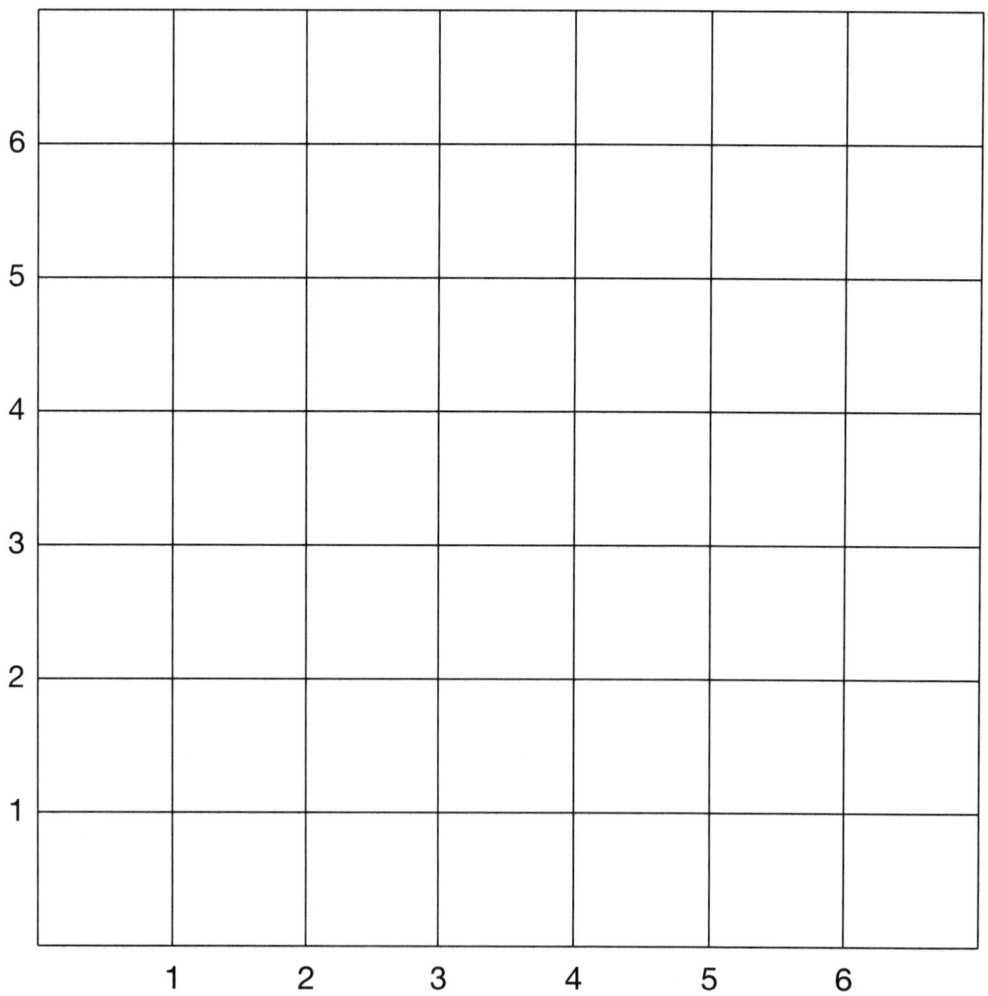

GEO – LEO

für 3 bis 5 Spieler

Material: 75 Karten (Kopiervorlage für den Kartensatz im Anhang, Seite 50–53), eventuell eine Tischklingel (Hotelklingel)

Vorbereitung: Die Vorlage vergrößern, auf Karton kopieren und die einzelnen Karten ausschneiden. Die Karten sind in drei Gruppen aufgeteilt:
die **1. Gruppe** (15 Karten) besteht aus Abbildungen von Flächen und Körpern
(, ),
die **2. Gruppe** (15 Karten) aus deren Namen (z. B. Rechteck, Würfel),
die **3. Gruppe** (15 Karten) enthält Eigenschaften von Flächen und Körpern (z. B. 4 Seiten, 6 Flächen),
die **4. Gruppe** (30 Karten) ist gemischt.

Spielverlauf: Die Karten werden gemischt. Jeder Mitspieler erhält einen Stoß mit 15 oder 25 Karten (je nach Anzahl der Spieler), den er verdeckt vor sich hinlegt.
Reihum wird jeweils eine Karte aufgedeckt und vor die jeweilige Person gelegt. Sieht ein Spieler, dass drei Karten die gleiche Figur oder den gleichen Körper beschreiben, so ruft er „Geo – Leo“ (oder schlägt auf die Klingel). Hat er Recht, so bekommt er alle aufgedeckten Karten, sonst muss er jedem Mitspieler eine Karte aus seinem Stoß geben.
Bei jedem Aufdecken verändert sich die Situation, da jeweils die alte Karte überdeckt wird.
Sieger ist der Spieler, der es schafft alle Karten zu bekommen oder nach 10 Minuten die meisten Karten hat.
Das Spiel ist dem bei Schülern sehr beliebten Spiel „Halli – Galli“ nachempfunden.

PLATONISCHE KÖRPER

Auf den folgenden Seiten sind die Körpernetze der fünf platonischen Körper abgebildet, die von den Schülerinnen und Schülern ausgeschnitten und zusammengeklebt werden können. Da diese gleichseitigen Polygone auch heute noch eine gewisse Faszination ausüben, sind die Schülerinnen und Schüler interessiert, etwas mehr über die Geschichte dieser Körper zu erfahren. Deshalb ist hier ein kurzer historischer Überblick aufgeführt.

Die Namen der platonischen Körper leiten sich von den griechischen Zahlen ab.

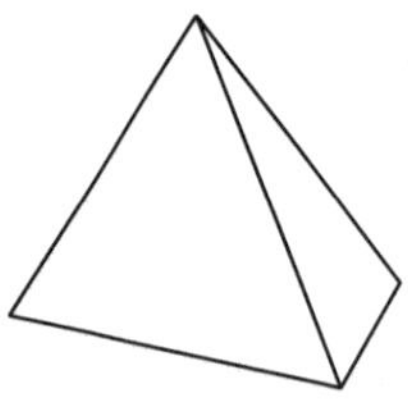

tètra – vier
Tetraeder

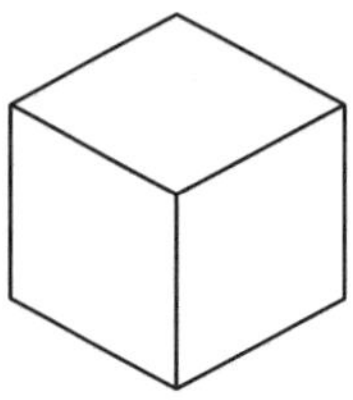

hèx – sechs
Hexaeder (Würfel)

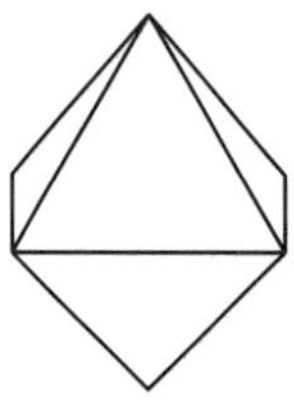

okto – acht
Oktaeder

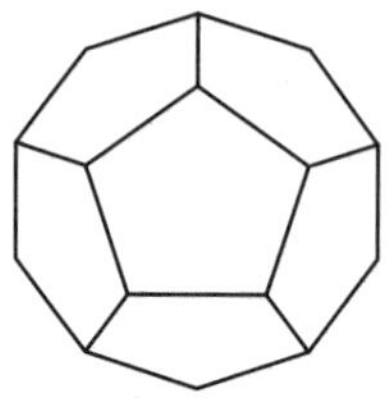

dòdeka – zwölf
Dodekaeder

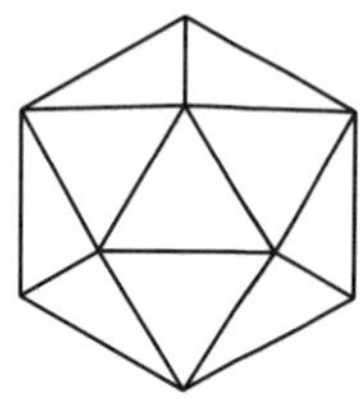

ikosi – zwanzig
Ikosaeder

Besonders seit den Pythagoräern spielte bei den Griechen die Harmonie bei Zahlen und geometrischen Formen eine große Rolle.
So waren z. B. die Pythagoräer der Meinung, die Welt wurde nach Zahlenverhältnissen ganzer Zahlen erschaffen. Auch gleichmäßige Formen spielten bei ihnen eine große Rolle. Allerdings führte erst Platon die vollständigen **platonischen** (oder **regulären**) **Körper** ein.
Er versuchte, die vier Elemente Feuer, Erde, Wasser und Luft als Bausteine der Materie, also aller lebenden und toten Dinge auf die in ihnen enthaltene Mathematik zu reduzieren.
Deshalb brauchte er für die äußere Gestalt der Elemente schöne und gleichmäßige Körper. Ein Schüler von ihm hatte gerade einen der inzwischen ältesten Sätze der Mathematik formuliert: „Es gibt nur fünf reguläre Körper“.
Platon wählte vier dieser Körper als Form seiner vier Elemente.

Tetraeder – **Feuer** **Hexaeder** – **Erde**

Oktaeder – **Luft** **Ikosaeder** – **Wasser**

Da er offensichtlich mit dem Dodekaeder nicht viel anfangen konnte, wies er es ohne nähere Begründung der Gestalt des äußeren Himmels (Kosmos) zu.

Dodekaeder – **Kosmos**

Wobei Kosmos das griechische Wort für Ordnung ist und auch soviel wie „kunstvolle Anordnung“ bedeutet.

Basteln — Geometrische Körper und Figuren – Tetraeder

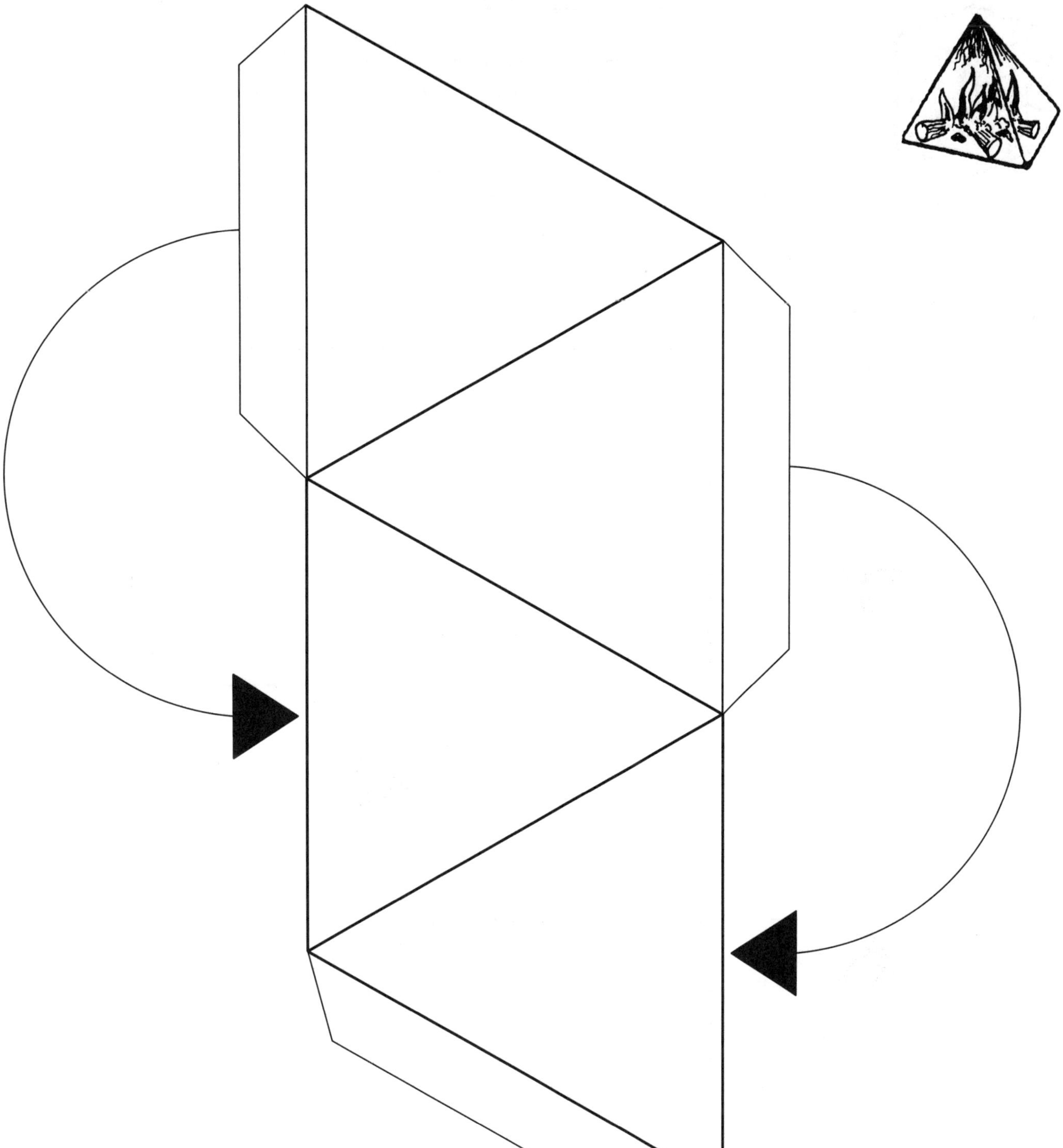

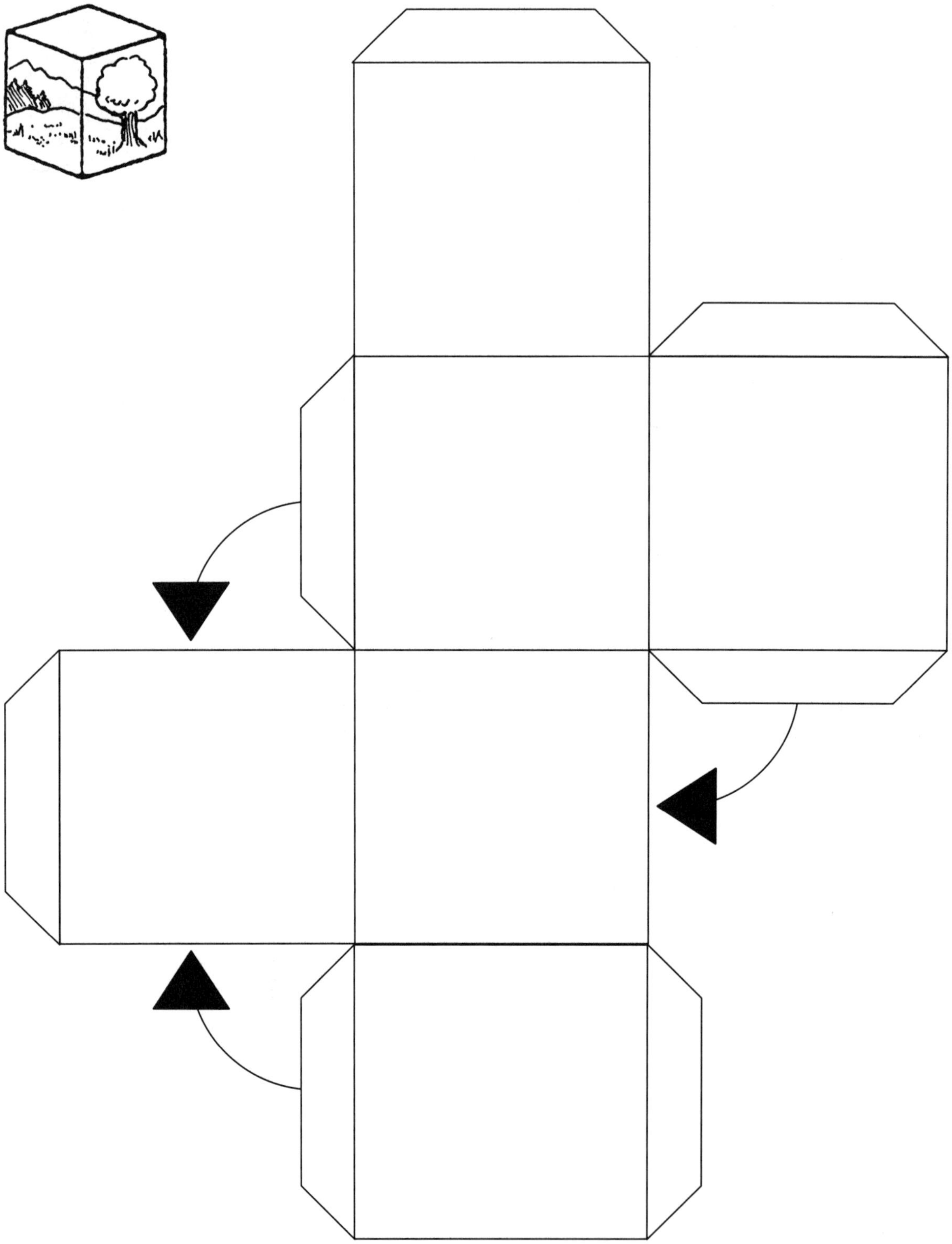

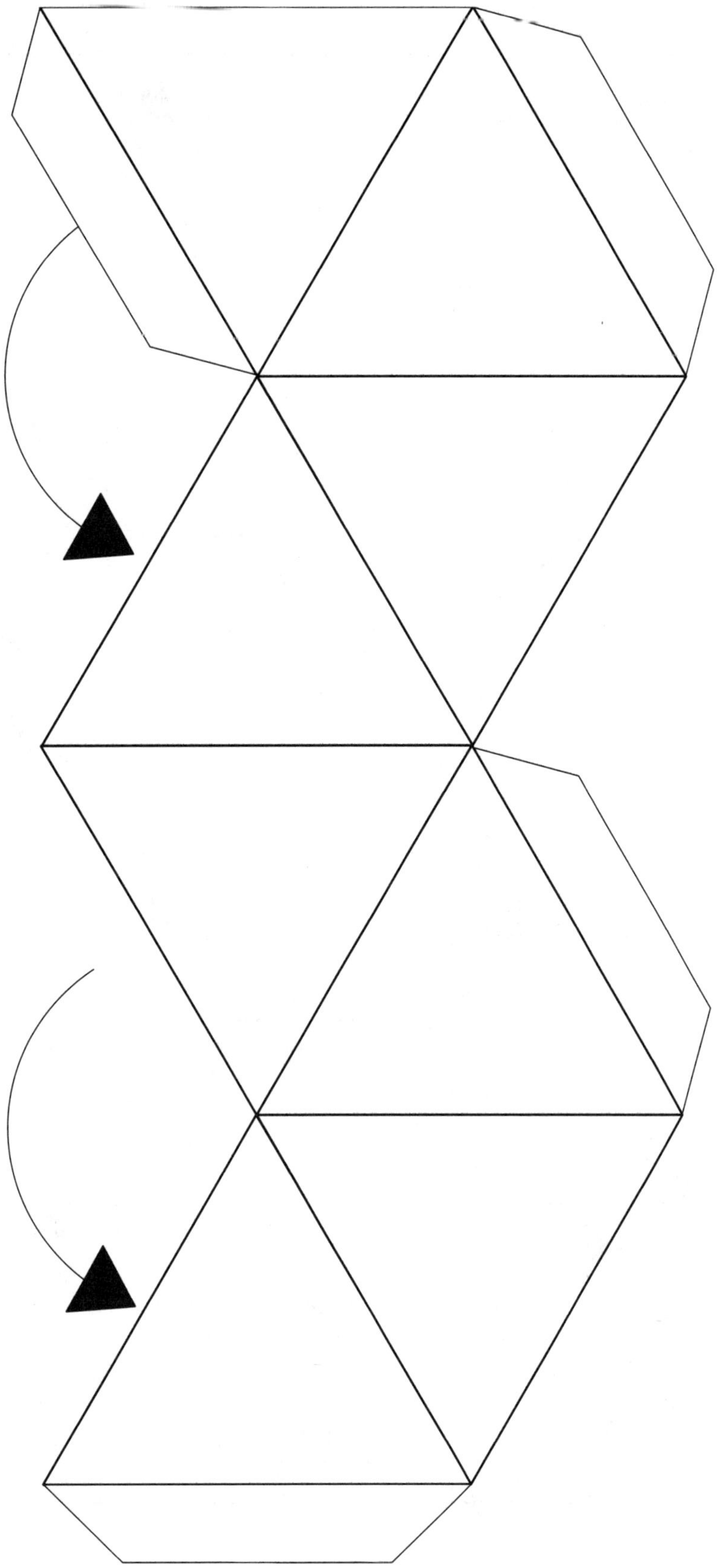

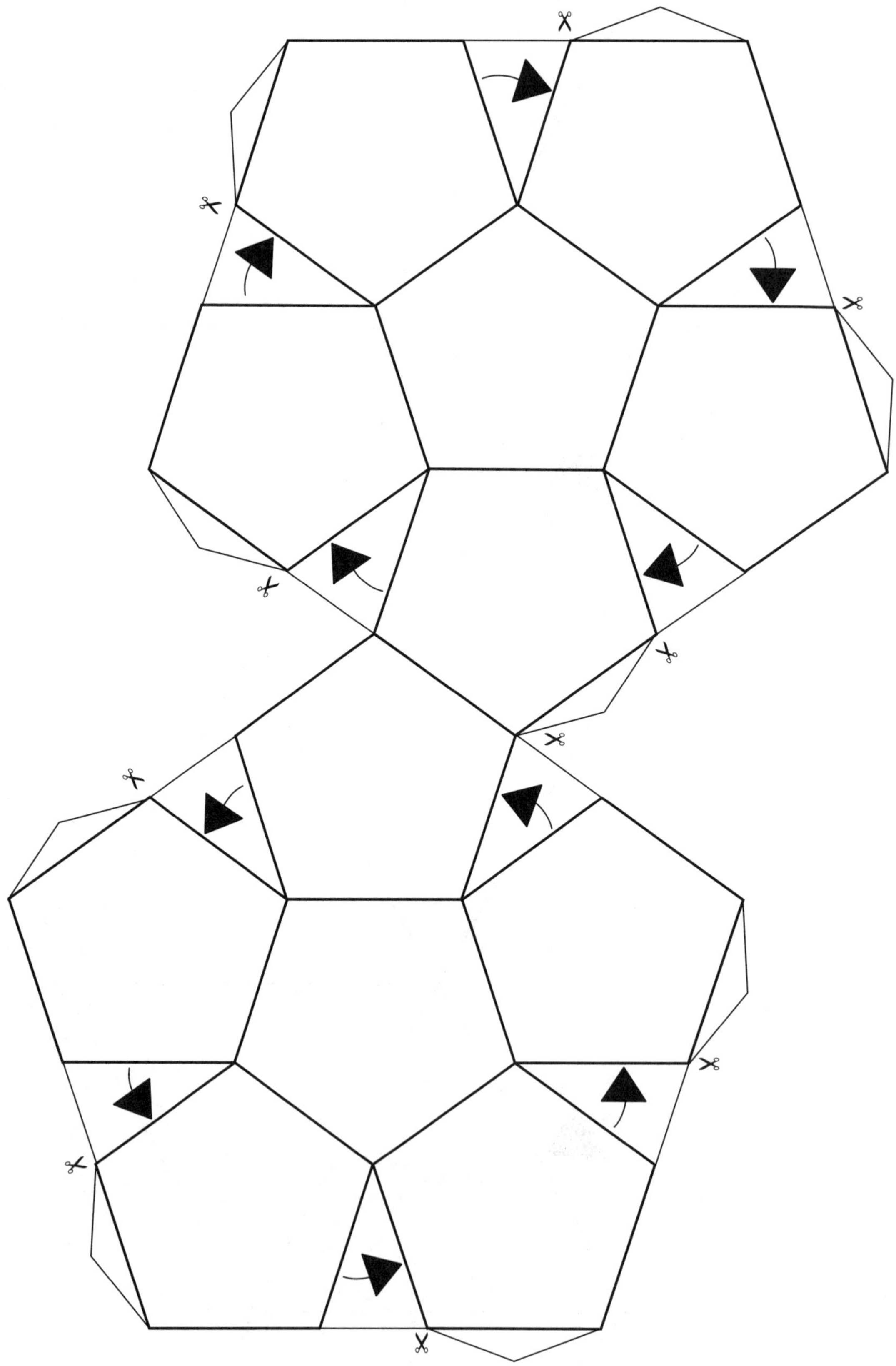

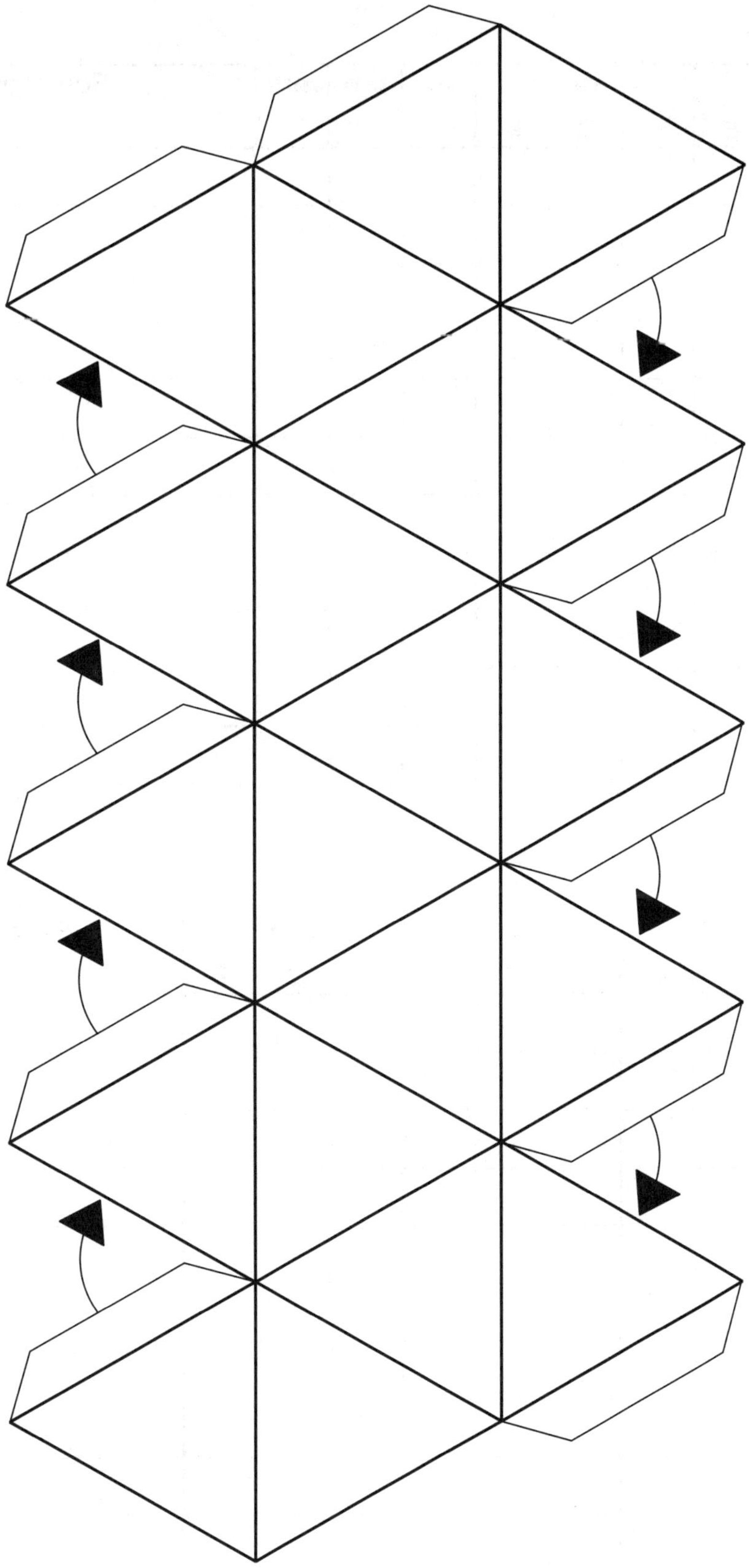

LÄNGEN

km					m			dm	cm	mm	Schreibweise
HT	T	H	Z	E	H	Z	E				

GEWICHTE

t			kg			g			mg			Schreibweise
H	Z	E	H	Z	E	H	Z	E	H	Z	E	

FLÄCHENINHALTE

km^2		Hektar ha		Ar a		m^2		dm^2		cm^2		mm^2		Schreibweise
Z	E	Z	E	Z	E	Z	E	Z	E	Z	E	Z	E	

VOLUMINA (RAUMINHALTE)

m^3			dm^3 (= l)			cm^3 (= ml)			mm^3			Schreibweise
H	Z	E	H	Z	E	H	Z	E	H	Z	E	

IST TEILBAR DURCH

Zahl	teilbar durch 2	5	10

Zahl	teilbar durch		

Zahl	Quersumme	teilbar durch 3	9

Zahl	teilbar durch 2	5	10	3	9

Zahl	teilbar durch				

Zahl	teilbar durch				

IST TEILER VON

3										
4										
5										
9										
25										

TEILERGLÜCK

für 2 bis 3 Spieler

Material: 3 Würfel

Spielverlauf: Es wird mit allen drei Würfeln gewürfelt. Aus den Augenzahlen wird eine dreistellige Zahl mit möglichst vielen **verschiedenen** Teilern gebildet. **Als Teiler sind die Zahlen 2, 3, 4, 5 und 6 zugelassen.** Für jeden Teiler gibt es einen Punkt.

Beispiel:

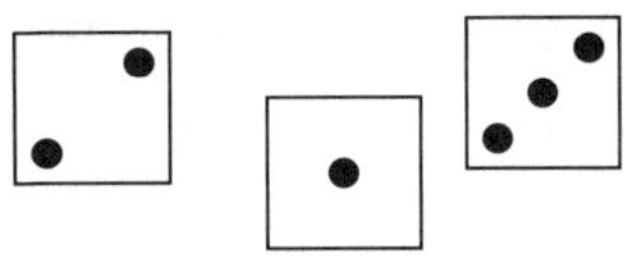

Bildet man 321, ist nur die 3 Teiler.
Bildet man 312, sind 2, 3, 4 und 6 Teiler.

Variante 1: Man nimmt die Teiler **7, 8** und **9** hinzu.
Variante 2: Es wird mit vier Würfeln gewürfelt.
Variante 3: Wenn bereits die Primzahlen behandelt wurden, kann man folgende Variante spielen: Derjenige bekommt zwei Punkte, der eine Primzahl legen kann.

9 IST TOP

für 2 bis 4 Spieler

Material: 2 Würfel

Spielverlauf: Es wird mit beiden Würfeln gewürfelt. Aus den Augenzahlen wird eine Zahl so gelegt, dass sie durch einen der Teiler **2, 3, 4, 5, 6, 7, 8** oder **9** teilbar ist. Der Spieler notiert sich den größten der möglichen Teiler als Pluspunkte. Wer zuerst 50 Punkte hat, ist Sieger.

Beispiel:

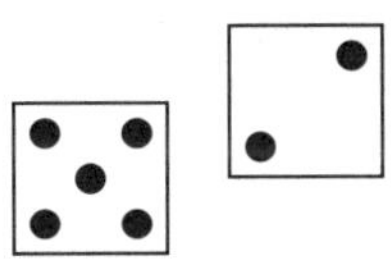

Bildet man 52, ist 4 der größte der vorgegebenen Teiler.
Bildet man 25, ist 5 der größte der vorgegebenen Teiler.

WECHSELSPIEL FÜR TEILER

für die ganze Klasse im Sitzkreis

Material: Zettel in Klassenstärke oder breites Klebekreppband

Vorbereitung: Jeder Schüler schreibt eine dreistellige Zahl auf den Zettel oder den Kreppbandstreifen.

Spielverlauf: Der Zettel wird deutlich sichtbar vor die Brust gehalten bzw. der Kreppstreifen wird auf die Brust geklebt. Ein Schüler steht in der Mitte des Sitzkreises und gibt die Spielanweisung.

Beispiele: *„Alle, die eine Zahl haben, die durch 3 teilbar ist, wechseln die Plätze."*
„Alle, die eine Zahl haben, die als Teiler 4 und 5 hat, wechseln die Plätze."
„Alle, die eine Zahl mit genau zwei Teilern haben, wechseln die Plätze:"

Alle Schüler, auf deren Zahl die Beschreibung zutrifft, müssen die Plätze wechseln. Der Schüler in der Mitte versucht nun ebenfalls einen Stuhl zu ergattern. Wer übrigbleibt, gibt die neue Spielanweisung. Nach drei Runden werden die Zettel getauscht.

PRIMZAHLENRENNEN

für 2 Spieler

Material: Spielplan mit der untenstehenden Zahlenreihe, eventuell ein Würfel

Spielverlauf: Der beginnende Spieler A kreuzt eine Primzahl zwischen 1 und 6 an, also die 2, 3 oder 5. Spieler B addiert zu dieser Primzahl eine Zahl zwischen 1 und 6 hinzu, sodass auch er eine Primzahl ankreuzen kann. Anschließend addiert wieder Spieler A eine Zahl zwischen 1 und 6 hinzu, um eine Primzahl zu erreichen.

Beispiel: *Spieler A kreuzt die 5 an.*
Spieler B kann jetzt die 7 (+2) oder die 11 (+6) ankreuzen.

Gelingt es einem Spieler nicht, eine Primzahl zu erreichen, so hat er verloren.

Variante: Der beginnende Spieler würfelt. Hat er gleich eine Primzahl gewürfelt, kreuzt er sie an, sonst würfelt er so lange weiter, bis die Augensumme eine Primzahl ergibt.

Beispiel:

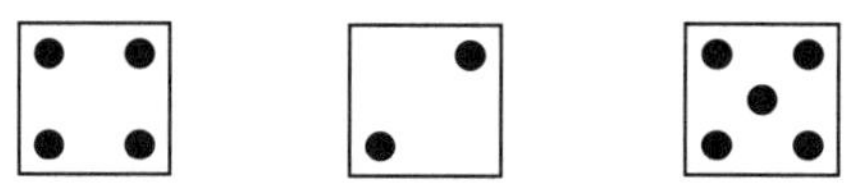

1. Wurf *2. Wurf* *3. Wurf*

Jetzt würfelt der 2. Spieler und addiert seine Augenzahlen so lange zur angekreuzten Primzahl, bis auch er eine Primzahl ankreuzen kann. Dann kommt wieder der 1. Spieler dran usw. Bei diesem Spiel ist Sieger, wer zuerst die 100 erreicht.

1	2	3	4	5	6
7	8	9	10	11	12
13	14	15	16	17	18
19	20	21	22	23	24
25	26	27	28	29	30
31	32	33	34	35	36
37	38	39	40	41	42
43	44	45	46	47	48
49	50	51	52	53	54
55	56	57	58	59	60
61	62	63	64	65	66
67	68	69	70	71	72
73	74	75	76	77	78
79	80	81	82	83	84
85	86	87	88	89	90
91	92	93	94	95	96
97	98	99	100	101	102
103	104	105	106	107	108
109	110	111	112	113	114
115	116	117	118	119	120
121	122	123	124	125	126
127	128	129	130	131	132
133	134	135	136	137	138
139	140	141	142	143	144
145	146	147	148	149	150

Die Zahlenreihe kann auch als Vorlage für das „Sieb des Eratosthenes“ verwendet werden.

KGV-MEMORY

für 2 bis 4 Spieler

Material: 36 Kärtchen (Kopiervorlage für den Kartensatz im Anhang, Seite 54–55)

Vorbereitung: Die Vorlage auf Pappe kopieren und die einzelnen Karten ausschneiden.

Spielverlauf: Es gelten die Memory-Regeln (siehe Seite 5). Die Karten werden verdeckt auf dem Tisch verteilt. Abwechselnd werden je zwei Karten aufgedeckt. Handelt es sich um ein Zahlenpaar und das zugehörige kgV, so darf der Spieler die beiden Karten nehmen und weiterspielen. Im anderen Fall kommt der nächste Spieler dran.

WINKEL

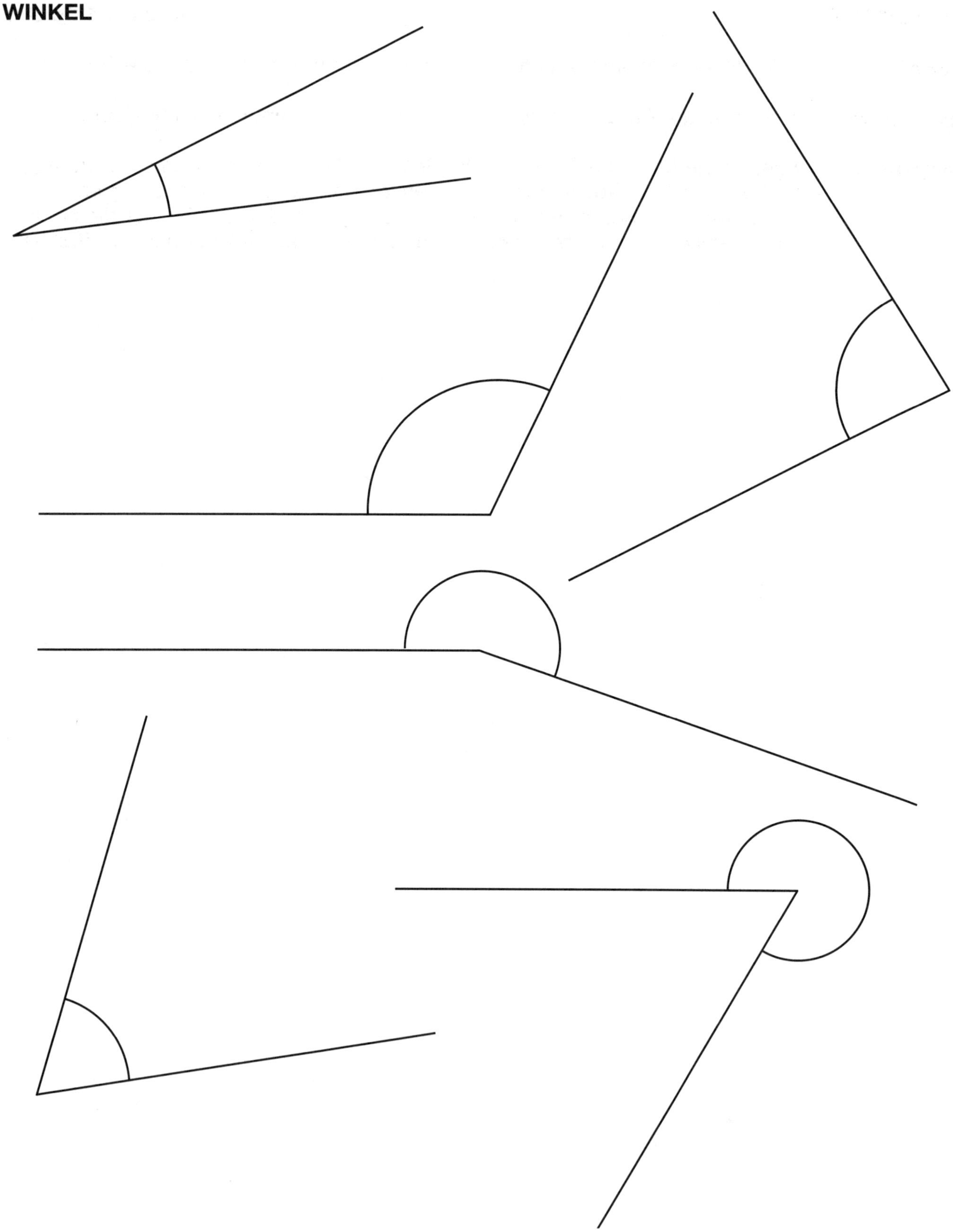

DIE GEMEINE SECHS

für 2 Spieler

Material: Würfel, Geodreieck, 2 Farbstifte (unterschiedliche Farben)

Spielverlauf: Der Schüler mit dem längeren Vornamen fängt an und würfelt.

Es gilt folgende Vereinbarung: ⚀ ≙ 10°; ⚁ ≙ 20°; ⚂ ≙ 30° usw.

Die Winkel werden im Winkelkreis (s. u.) in Pfeilrichtung ⟶ abgetragen und mit einem Farbstift markiert. In der nächsten Runde darf der Spieler dann an dieser Stelle weitermachen.
Aber Achtung: Wer eine 6 würfelt, muss die 60° in die Gegenrichtung abtragen. In der nächsten Runde geht es dann wie gewohnt weiter.
Dann kommt der nächste Spieler dran. Wer zuerst die Ziellinie in Pfeilrichtung erreicht oder überschreitet, ist Sieger.

WINKELMAU

für 2 Spieler

Material: Würfel, Geodreieck, 2 Farbstifte (unterschiedliche Farben)

Spielverlauf: Jeder Spieler würfelt zweimal.
Der erste Wurf ist der Zehner-Wert, der zweite Wurf der Einer-Wert.

Beispiel: *erster Wurf* ⚃ *, zweiter Wurf* ⚄ ≙ *45°*

Der erwürfelte Winkel wird im Winkelkreis in Pfeilrichtung abgetragen.

Bei dem Wurf ⚅ ⚅ (Sechser-Pasch) muss der Spieler seine Winkel in umgekehrter Richtung so lange abtragen, bis er wieder einen (beliebigen) Pasch würfelt. Sieger ist, wer zuerst die Ziellinie in Pfeilrichtung erreicht.

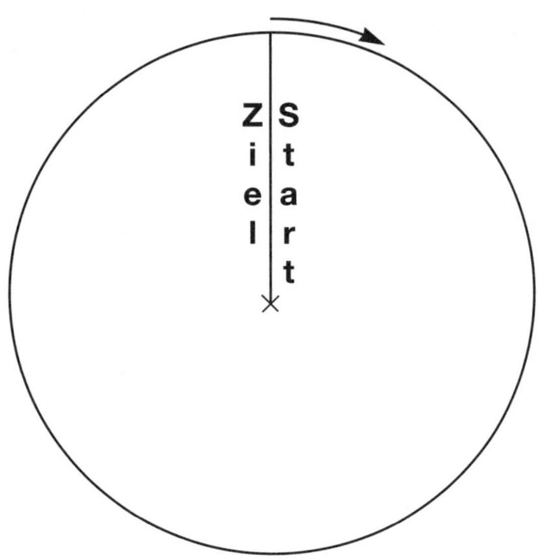

PIRATENBILLARD **für 2 Spieler**

Material: Spielplan, Geodreieck, Würfel

Spielverlauf: Jeder Spieler versucht, möglichst viele Schatzkisten mit möglichst hohen Punktzahlen zu ergattern.
Dazu musst du versuchen, mit deiner Kugel nacheinander die Kisten zu treffen. Du darfst mit der Kugel aber nicht direkt auf die Kisten zielen. Die Kugel muss erst eine Bande treffen. Von dieser Bande prallt die Kugel dann unter dem gleichen Winkel wieder ab, unter dem sie auf die Bande auftrifft.

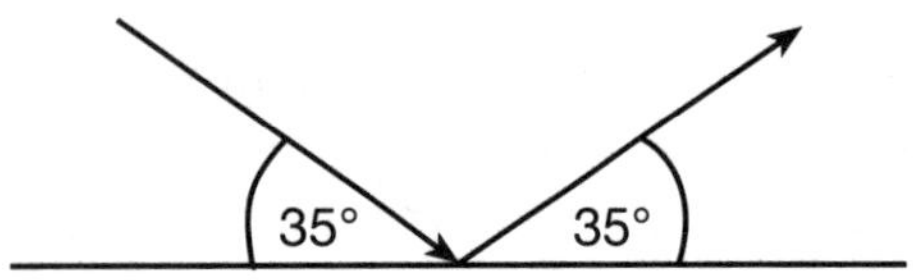

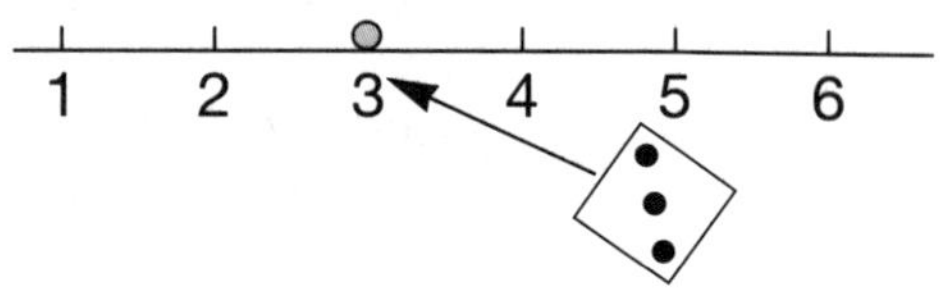

Zu Beginn würfelt Spieler A und zeichnet seine Kugel auf die entsprechende Startmarke. Jetzt peilt er einen Punkt auf einer anderen Bande an und zeichnet die Strecke von der Kugel zu der Bande. Unter dem gleichen Winkel, unter dem die Kugel auf die Bande trifft, prallt sie wieder ab. Trifft sie eine Schatzkiste, notiert sich Spieler A den Wert und streicht die Kiste durch. Beim nächsten Spiel würfelt er wieder und fängt von der Startbande an. Falls er nicht trifft, landet seine Kugel an einer anderen Bande. Dort wird sie eingezeichnet und in der nächsten Runde muss Spieler A von diesem Punkt aus spielen.
Jetzt ist Spieler B an der Reihe.

Beispiele:

Der Spieler trifft eine Schatzkiste. Er bekommt 15 Punkte gutgeschrieben und fängt beim nächsten Mal wieder an der Startbande an.

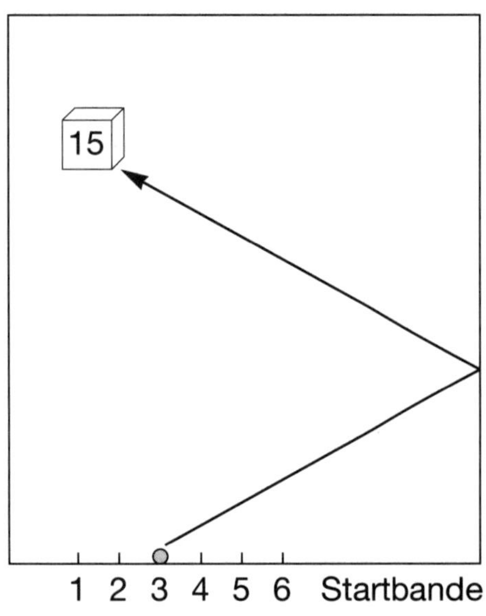

Der Spieler trifft keine Schatzkiste. Beim nächsten Mal muss er von diesem Punkt K aus spielen.

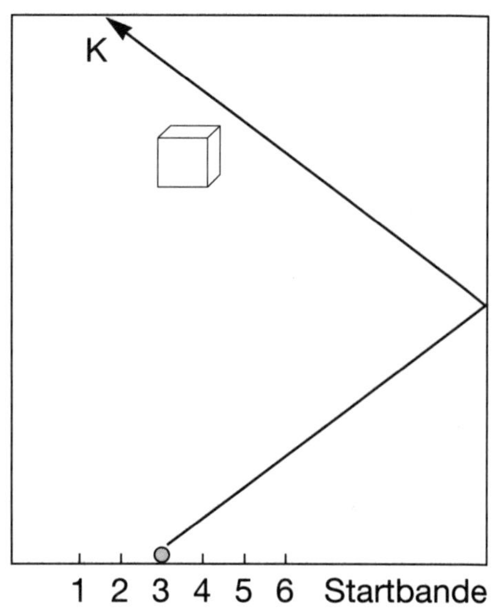

PIRATENBILLARD

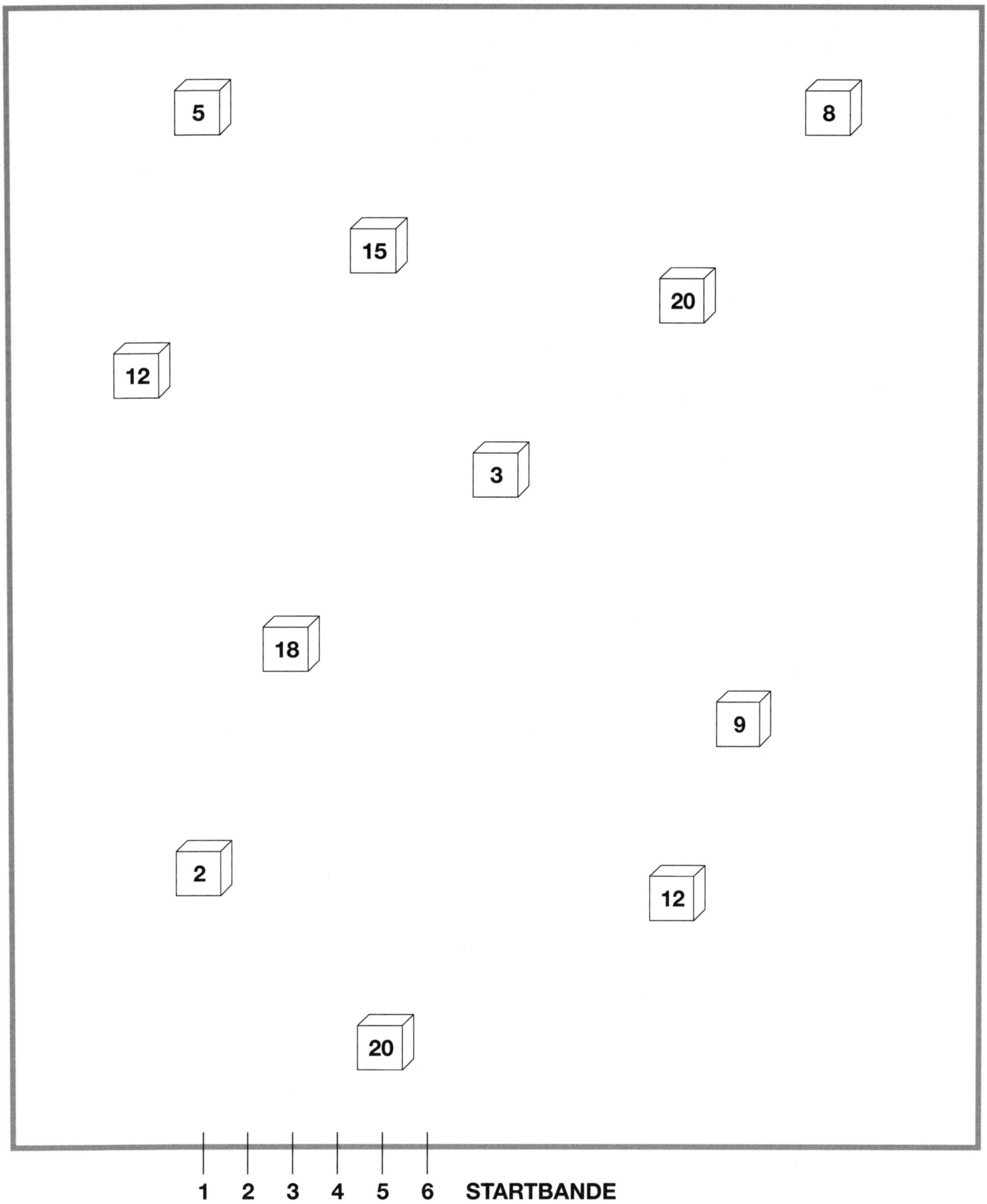

BRUCHKREISE

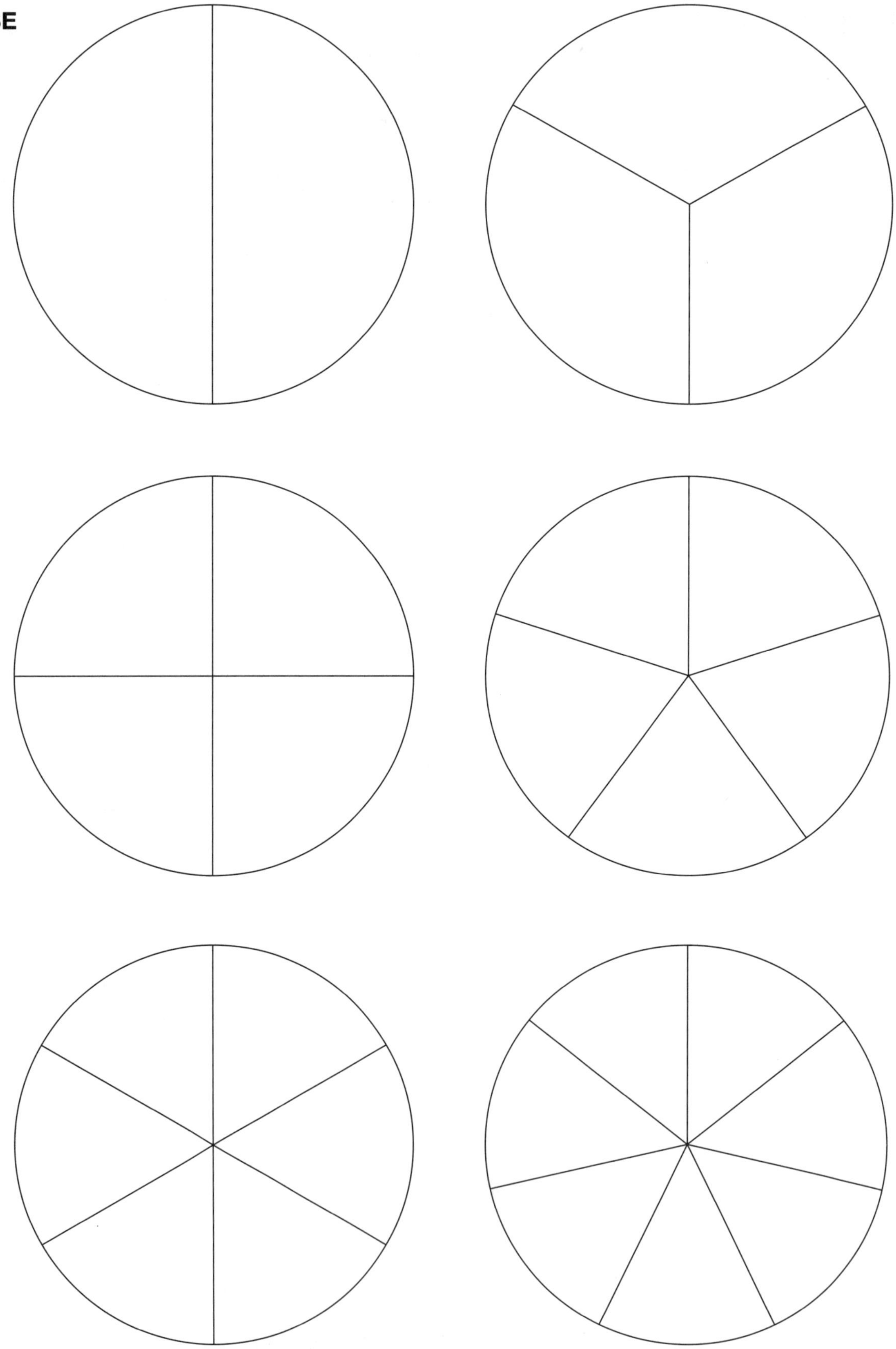

BRUCHKREISE

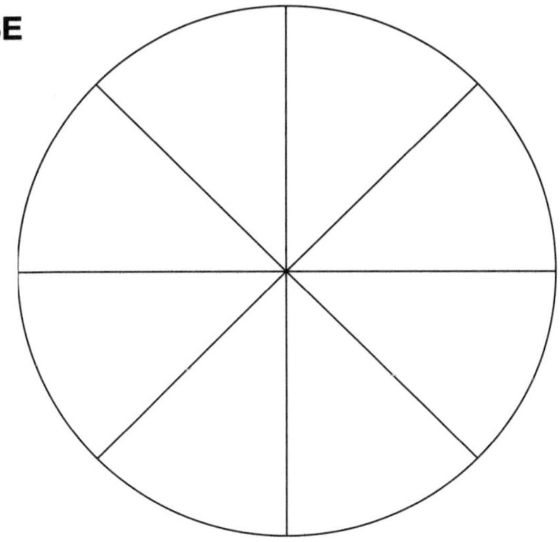

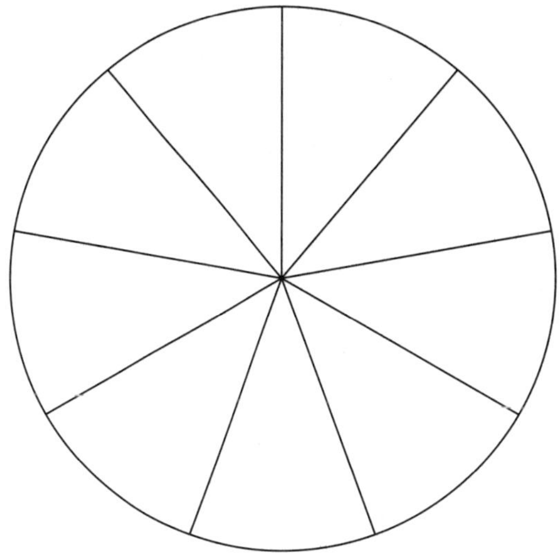

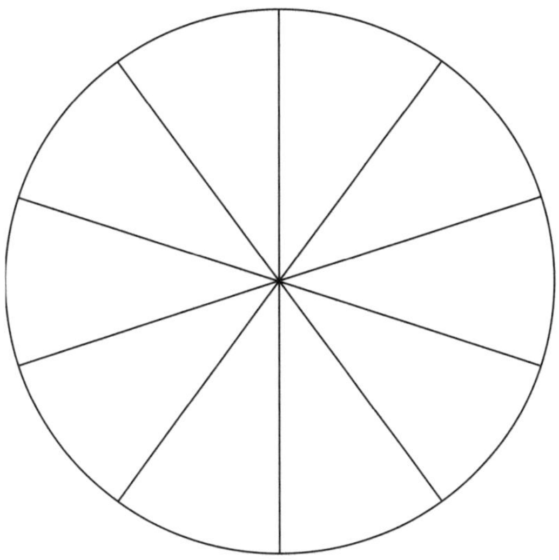

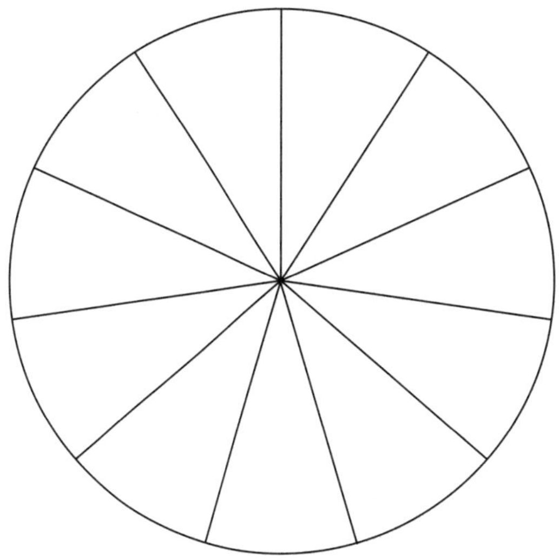

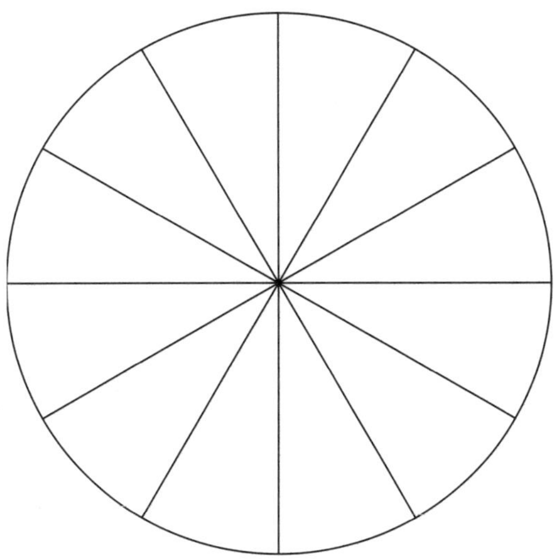

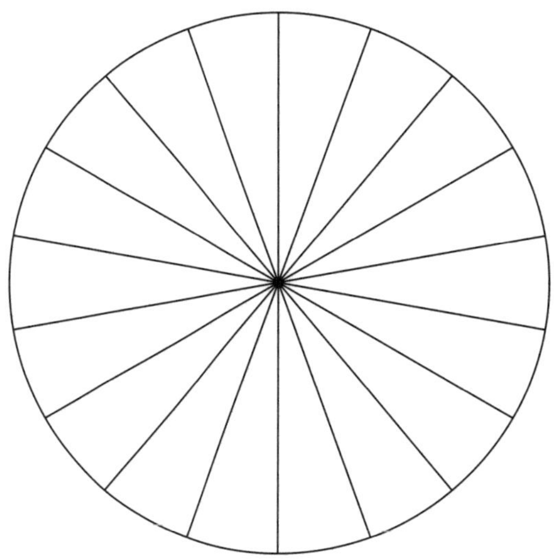

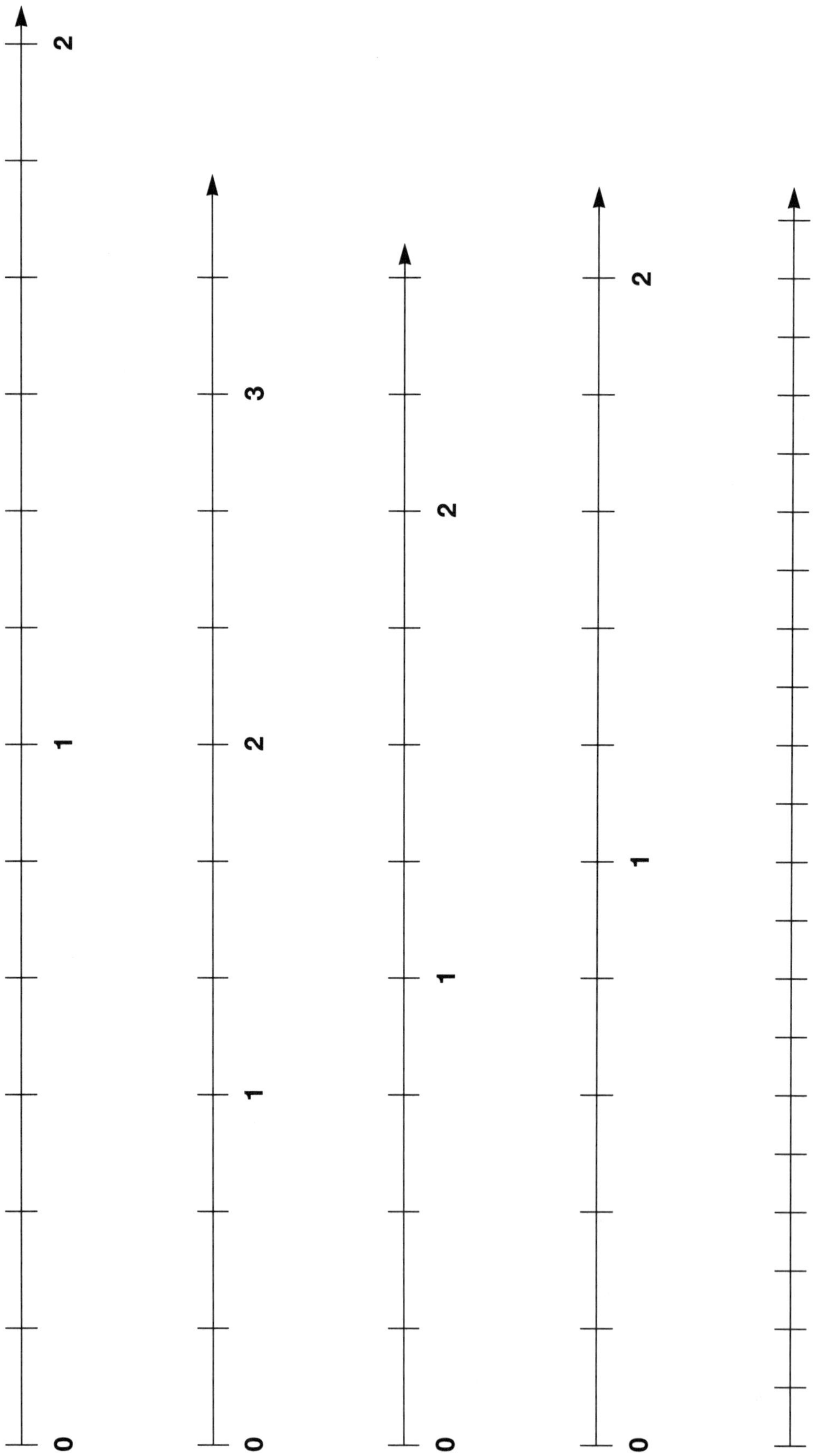
0
1
2
0
1
2
3
0
1
2
0
1
2

BRUCHANLEGESPIEL

für 2 bis 4 Spieler

Material: 12 Zahlenkarten, 24 Bildkarten (Kopiervorlage für den Kartensatz, Seite 56–57)

Vorbereitung: Die Karten werden auf Karton kopiert und ausgeschnitten.

Spielverlauf: Die 12 Zahlenkarten werden gemischt und verdeckt als Stapel auf den Tisch gelegt. Die Bildkarten werden ebenfalls gemischt und gleichmäßig verteilt. Jetzt wird eine Zahlenkarte umgedreht. Wer die passende Bildkarte hat, legt sie drauf. Sieger ist, wer zuerst alle Bildkarten abgelegt hat.

BRUCHDOMINO

für 2 Spieler

Material: 32 Dominokarten (Kopiervorlage für den Kartensatz im Anhang, Seite 58–59)

Vorbereitung: Die Karten werden auf Karton kopiert und ausgeschnitten.

Spielverlauf: Die Karten werden gemischt und an die Mitspieler verteilt. Es gelten die Spielregeln für DOMINO (siehe Seite 5).

BRUCHZAHLENSKAT

für 3 Spieler

Material: 15 „Bruchzahlkarten“ (Kopiervorlage für den Kartensatz im Anhang, Seite 60)

Vorbereitung: Die Karten werden auf Karton kopiert und ausgeschnitten.

Spielverlauf: Der Spieler links vom Geber spielt eine Karte aus. Dann spielen nacheinander die beiden anderen Spieler ihre Karten aus. Wer die Bruchzahl hat, die zwischen den beiden anderen Kartenwerten liegt, bekommt den Stich und spielt wieder eine Karte aus.
Wenn alle Karten ausgespielt sind, werden die gewonnenen Karten den Spielern als Punkte gutgeschrieben. Wer zuerst 21 Punkte hat, ist der Sieger.

Beispiel:

$\frac{1}{4}$	$\frac{5}{8}$	$\frac{7}{12}$
Spieler 1	*Spieler 2*	*Spieler 3*

$\frac{1}{4} < \frac{7}{12} < \frac{5}{8}$ *Spieler 3 bekommt den Stich*

WÜRFELBRUCH

für 2 Spieler

Material: 2 zwölfflächige Würfel (Dodekaeder). Falls keine zwölfflächigen Würfel zur Verfügung stehen, kann auch mit zwei normalen Würfeln gespielt werden.

Spielverlauf: Es wird abwechselnd mit beiden Würfeln gewürfelt. Aus den geworfenen Zahlen wird ein Bruch gebildet. Der Zähler darf nie größer sein als der Nenner. Der Bruch wird notiert und beim nächsten Wurf wird der neue Bruch hinzugezählt. Wer zuerst die Zahl 5 erreicht oder überschreitet, ist Sieger.

Beispiel: *Wurf* **7** **8** *Der Spieler notiert* $\frac{7}{8}$ *auf seinem Zettel.*

GLÜCKSRAD – DER DREH MIT DEN BRÜCHEN

Nennerscheibe

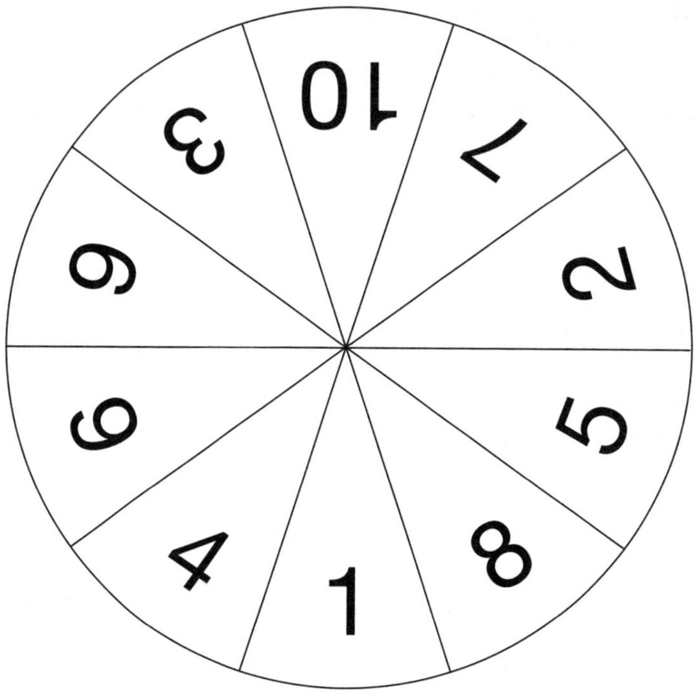

Zählerscheibe

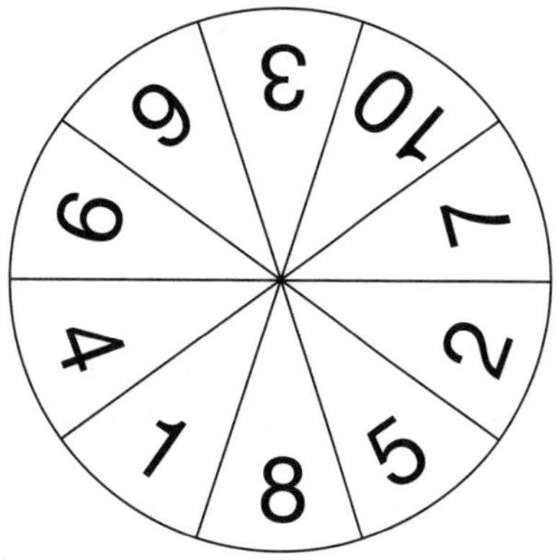

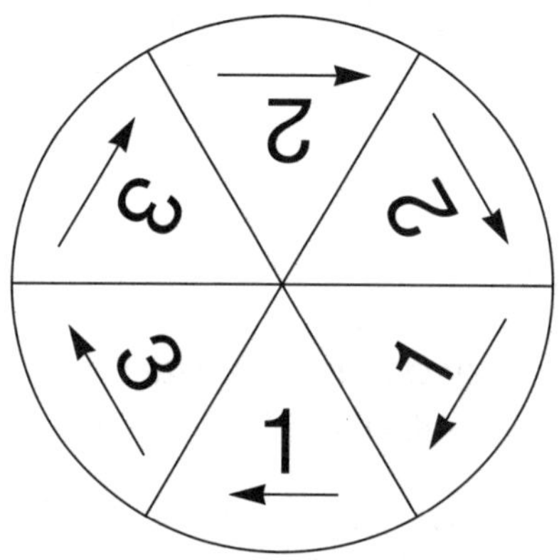

STELLENWERTTAFEL

H	Z	E	z	h	t	zt	

H	Z	E	z	h	t	zt	

ZAHLENSTRAHL FÜR DEZIMALBRÜCHE

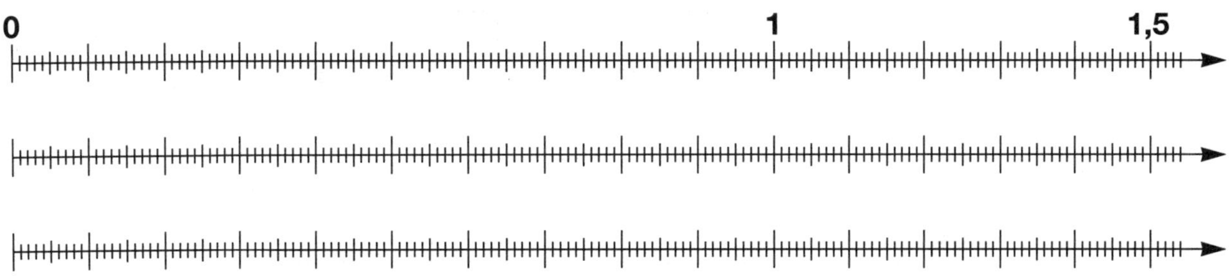

ADDITION- UND SUBSTRAKTIONSTREPPE

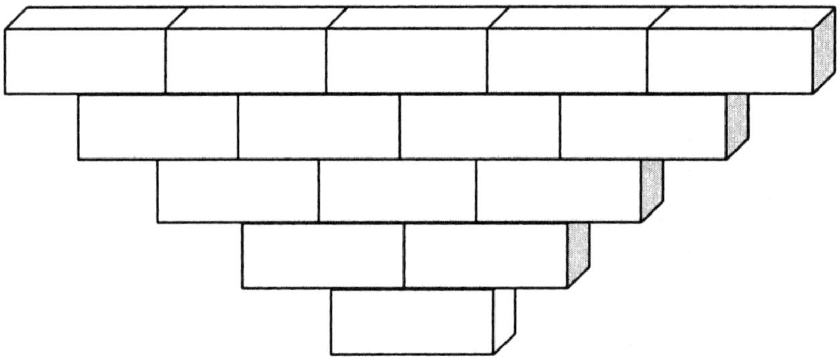

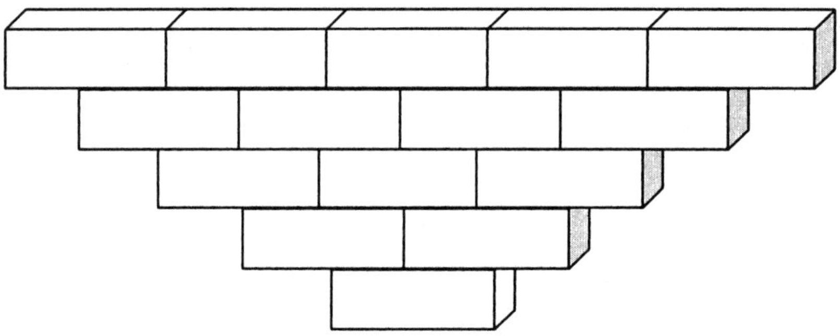

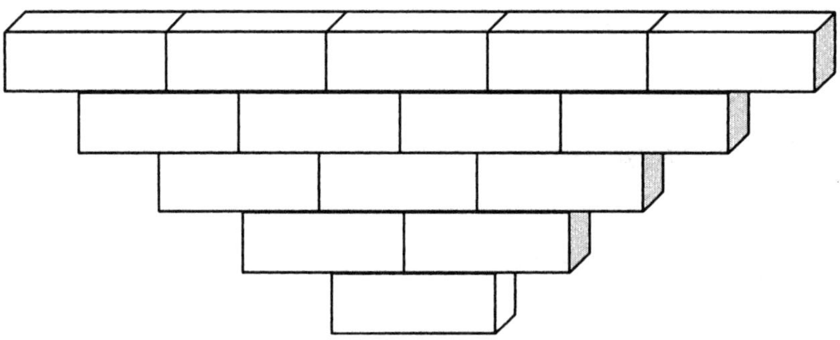

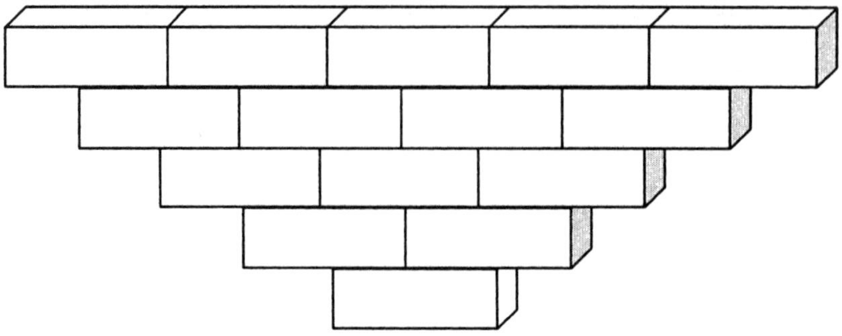

SCHNIPP – SCHNAPP

für 3 Spieler

Material: 30 Karten, ohne „Fröhlicher Leo“ (Kopiervorlage für den Kartensatz im Anhang, Seite 61–62)

Vorbereitung: Die Karten werden auf Karton kopiert und ausgeschnitten.

Spielverlauf: Die Karten werden verteilt. Jeder Spieler legt seine Karten verdeckt vor sich hin. Jeder deckt die erste Karte auf und legt sie vor seinen Stapel. Wenn ein Spieler sieht, dass sein Bruchwert mit einem anderen Bruchwert übereinstimmt, ruft er „Schnapp“ und bekommt die andere Karte. Die beiden Karten legt er zur Seite. Die übrigen Spieler lassen ihre Karten liegen. In der zweiten Runde wird die nächste Karte aufgedeckt und auf die andere, bereits aufgedeckte Karte gelegt. Wenn jetzt ein Spieler ein Zahlenpaar entdeckt, bekommt er alle offenen Karten von dem Spieler, der den passenden Bruch besitzt.

FRÖHLICHER LEO

für 3 oder 5 Spieler

Material: 31 Karten, mit „Fröhlicher Leo“ (Kopiervorlage für den Kartensatz im Anhang, Seite 61–62)

Vorbereitung: Die Karten werden auf Karton kopiert und ausgeschnitten.

Spielverlauf: Die Karten werden verteilt (einer bekommt eine mehr). Paare aus einem gewöhnlichen Bruch und einem Dezimalbruch werden ausgelegt. Dann wird der Reihe nach vom linken Nachbarn gezogen und passende Paare ausgelegt, bis alle Karten weg sind. Wer am Schluss den Leo hat, ist Sieger.

KLEIN, ABER FEIN

für 2 oder 4 Spieler

Material: 32 Karten (Kopiervorlage für den Kartensatz im Anhang, Seite 63–64)

Vorbereitung: Die Karten werden auf Karton kopiert und ausgeschnitten.

Spielverlauf: Die Karten werden gleichmäßig an alle Spieler verteilt. Jeder legt seinen Stapel verdeckt vor sich auf den Tisch. Jetzt decken alle Spieler die oberste Karte auf. Wer die Karte mit dem größten Wert hat, muss alle Karten nehmen. Haben zwei Mitspieler den gleichen Wert, führen sie ein Stechen durch. Dazu decken beide noch eine Karte auf; wer nun die Karte mit dem größten Wert hat, muss alle Karten nehmen.
Sieger ist, wer zuerst keine Karten mehr hat.

Variante: Die Karten können auch für ein **BRUCHMEMORY** verwendet werden.

Vorbemerkung
Man kann die beiden unten aufgeführten Spiel-Varianten auch, wie in *Mathematik heute* beschrieben, mit einem Blatt und Farbstiften zum Markieren spielen. Aber auch dann ist es sinnvoll, mit einer Spielfigur jeweils den letzten Zug zu markieren. Das Punktgewirr ist nach mehreren Spielzügen zu unübersichtlich.

AUFWÄRTS BITTE

für 2 bis 3 Spieler

Material: Spielplan (siehe Seite 49), 1 Würfel, pro Spieler 1 Spielfigur

Spielverlauf: Zunächst legen die Spieler fest, ob nach den Anweisungen von Variante 1 oder von Variante 2 (s. u.) gespielt wird.

Wer die höchste Zahl gewürfelt hat, beginnt. Er legt seine Spielfigur auf das Startfeld ■ und würfelt. Je nachdem, welche Zahl er würfelt, muss die entsprechende Anweisung – entweder von Variante 1 oder von Variante 2 – ausgeführt werden. Die Spielfigur wird auf die neue Position gesetzt.

Falls man an oder über die Seitenlinien kommt, muss man wieder auf dem Startfeld beginnen.

Trifft man auf ein Feld, das bereits besetzt ist, so muss die Figur, die sich dort befindet, ebenfalls auf das Startfeld zurück.

Wer zuerst die obere Außenlinie des Spielfeldes erreicht, hat gewonnen.

Anweisung – Variante 1

⚀	2 nach rechts, 8 nach oben
⚁	0 nach rechts, 7 nach unten
⚂	4 nach links, 11 nach oben
⚃	0 nach rechts, 10 nach oben
⚄	10 nach links, 8 nach unten
⚅	6 nach rechts, 0 nach oben

Anweisung – Variante 2

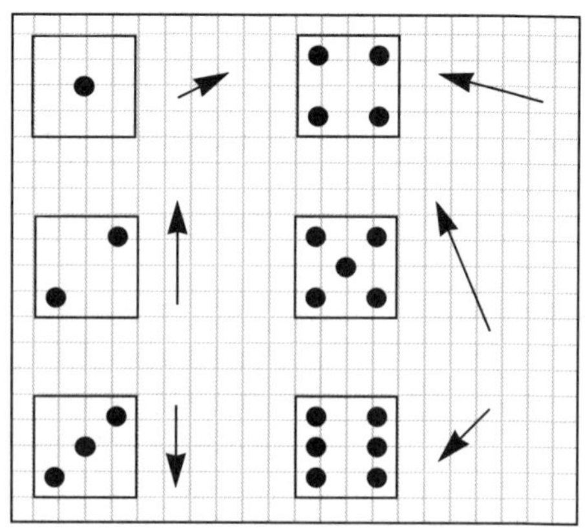

AUFWÄRTS BITTE

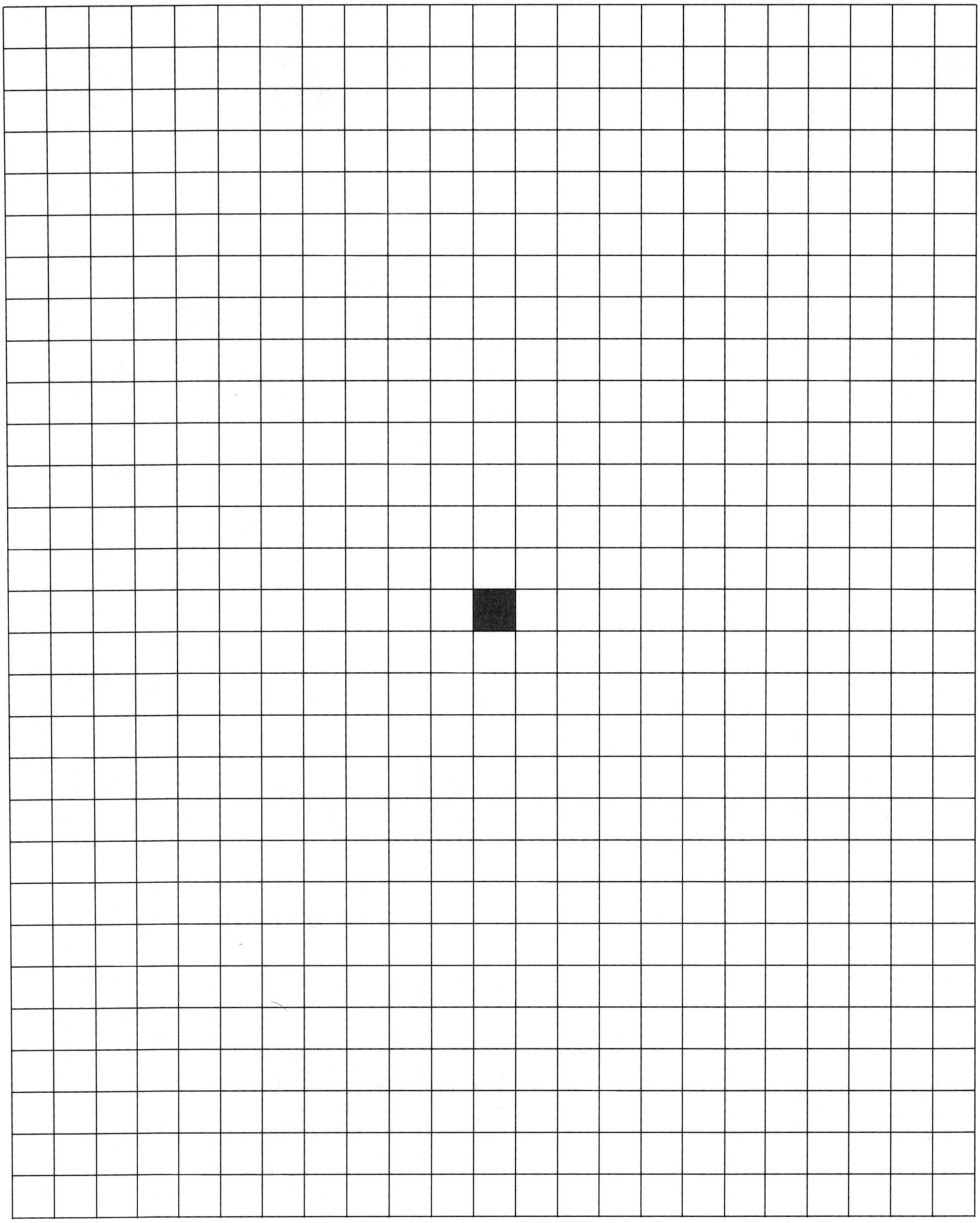

GEO – LEO

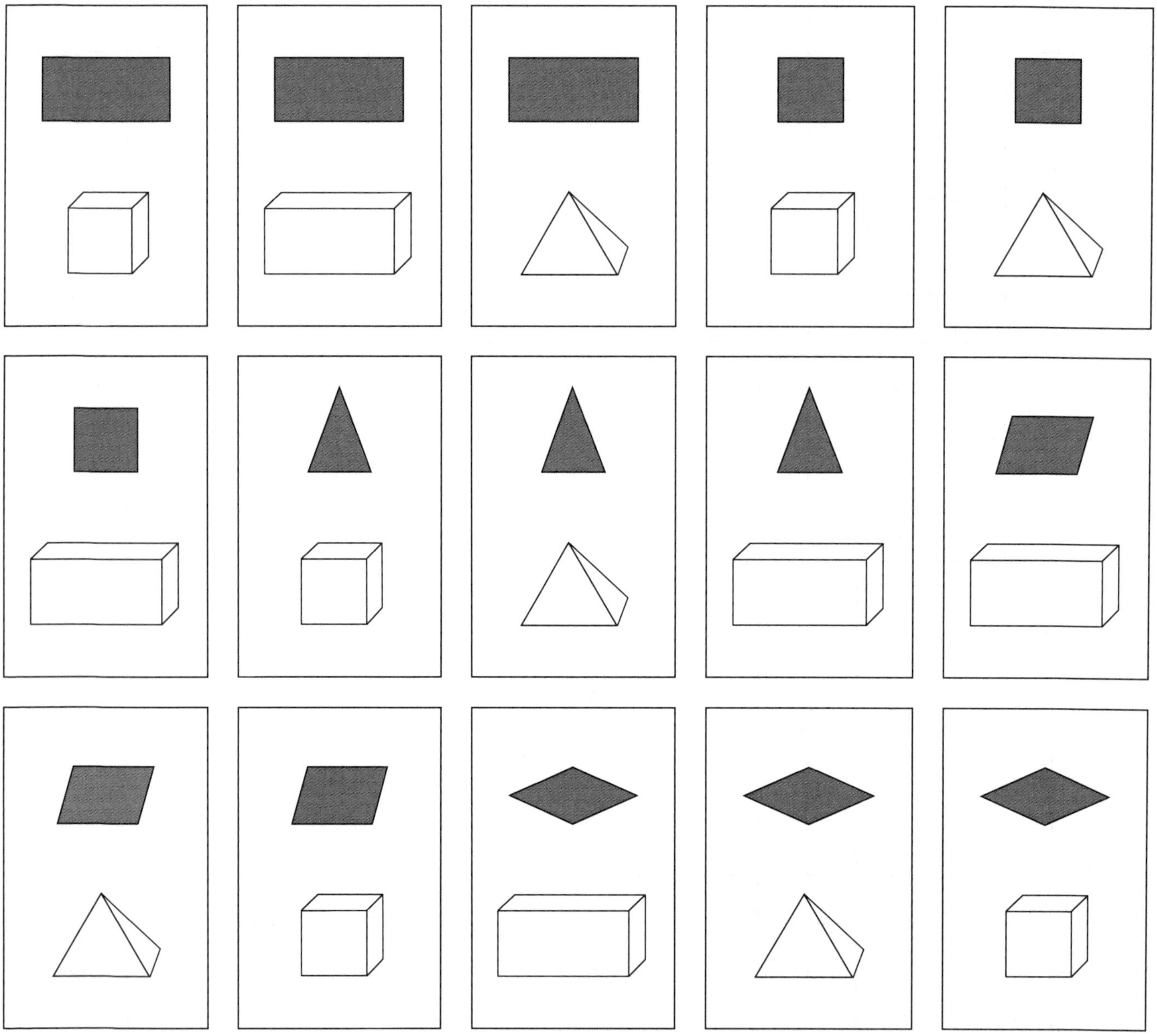

Rechteck	Rechteck	Rechteck	Quadrat	Quadrat
Quader	Pyramide	Würfel	Würfel	Quader

GEO – LEO (Fortsetzung)

Quadrat / Pyramide	Parallelogramm / Würfel	Parallelogramm / Quader	Parallelogramm / Pyramide	Raute / Pyramide
Raute / Würfel	Raute / Quader	Dreieck / Quader	Dreieck / Würfel	Dreieck / Pyramide
4 Seiten / 6 Flächen	4 Seiten / 5 Flächen	4 Seiten / Flächen gleich groß	Seiten sind gleich lang / 6 Flächen	Seiten sind gleich lang / 12 Kanten
Seiten sind gleich lang / 8 Kanten	3 Seiten / 6 Flächen	3 Seiten / 12 Kanten	3 Seiten / Flächen gleich groß	2 Seiten / 5 Flächen

GEO – LEO (Fortsetzung)

2 Seiten gleich lang 8 Kanten	2 Seiten gleich lang 12 Kanten	2 Seiten parallel zueinander 5 Flächen	2 Seiten parallel zueinander 8 Kanten	2 Seiten parallel zueinander Flächen gleich groß
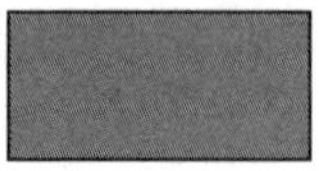 Würfel	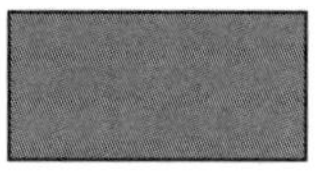 5 Flächen	Rechteck Flächen gleich groß	 Pyramide	 12 Kanten
Quadrat 6 Flächen	 Quader	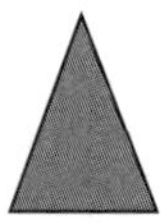 8 Kanten	Dreieck 12 Kanten	 Quader
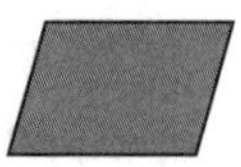 Pyramide	Parallelo-gramm 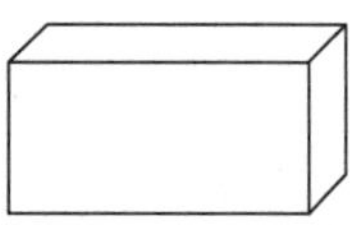	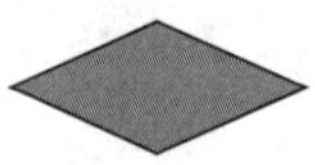 Quader	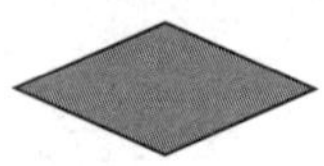 Pyramide	Raute Flächen gleich groß

GEO – LEO (Fortsetzung)

4 Seiten 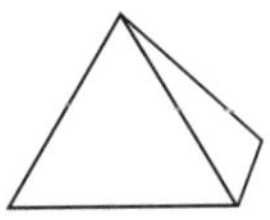	Seiten sind gleich lang 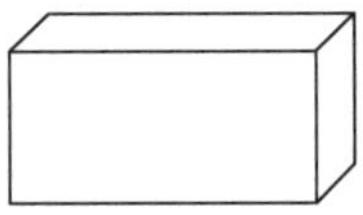	3 Seiten 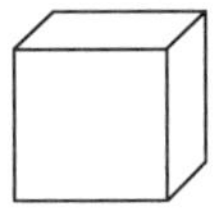	2 Seiten gleich 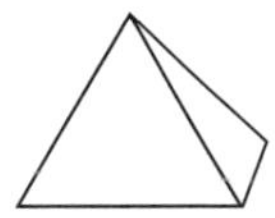	2 Seiten parallel zueinander 5 Flächen
3 Seiten 5 Flächen	Raute 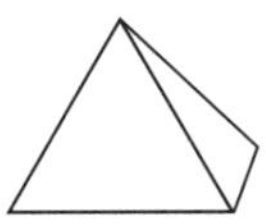	Rechteck 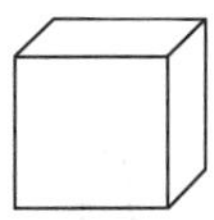	Parallelo-gramm 8 Kanten	Quadrat 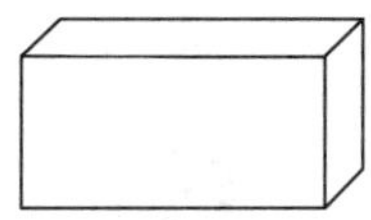
 Quader	 12 Kanten	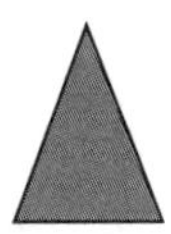 6 Flächen	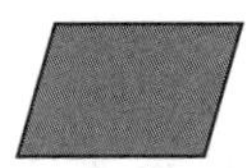 Quader	 Flächen gleich groß

KGV-MEMORY

9 15	3 7	24	120	7 5
10 6	160	12 8	45	9 12
110	36	75	13 3	6 7
30	30 90	39	11 7	105

KGV-MEMORY (Fortsetzung)

35	15 4	22 33	15 21	42
55 10	32 40	90	25 15	60
21	66	21 28	12 40	77
84				

BRUCHANLEGESPIEL

$\frac{3}{4}$

$1\frac{3}{4}$

$\frac{7}{8}$

$\frac{1}{5}$

$\frac{2}{3}$

$\frac{1}{2}$

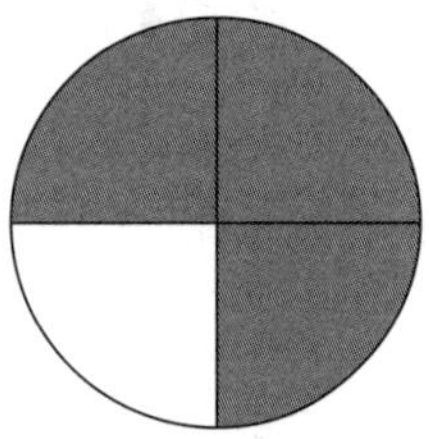

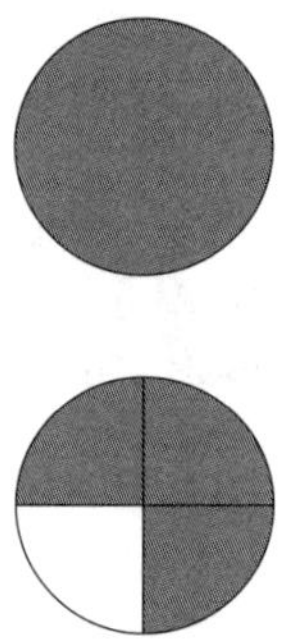

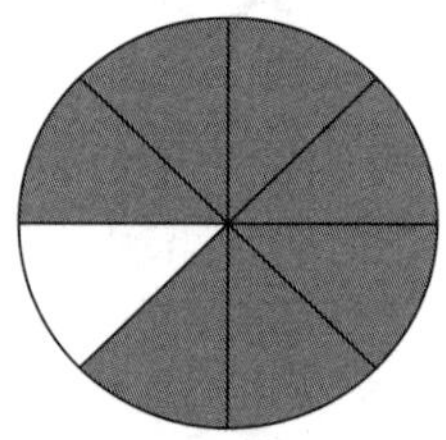

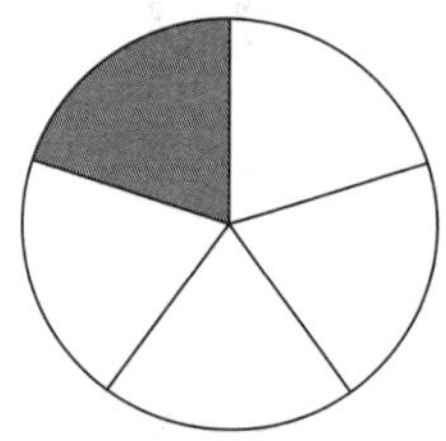

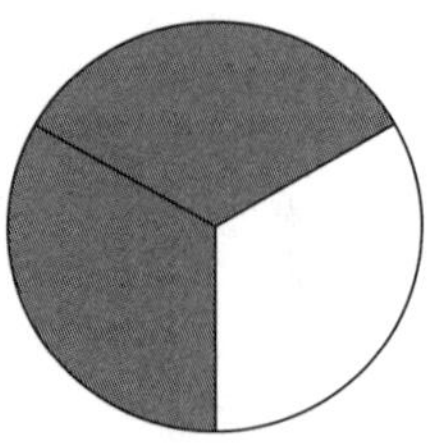

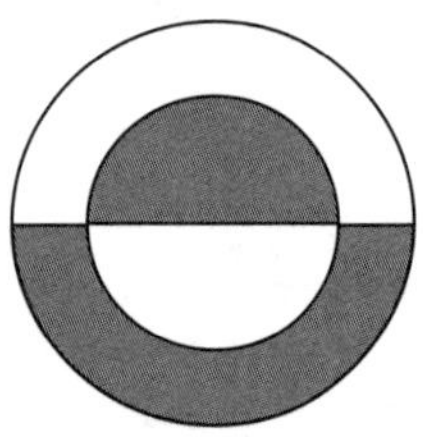

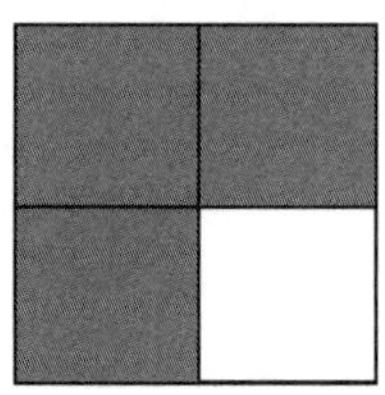

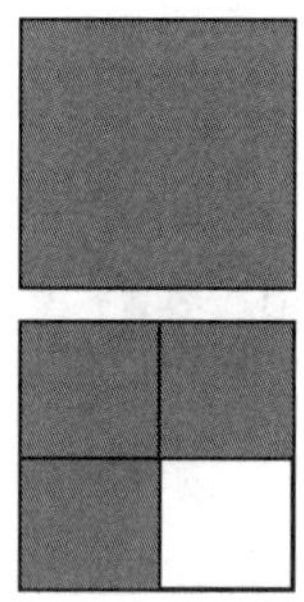

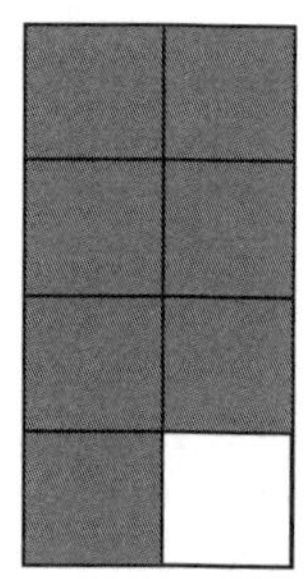

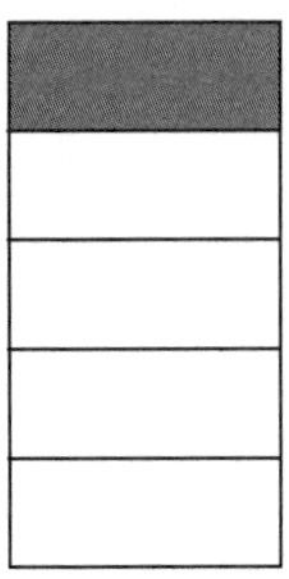

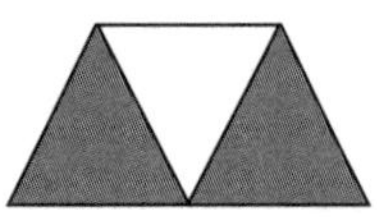

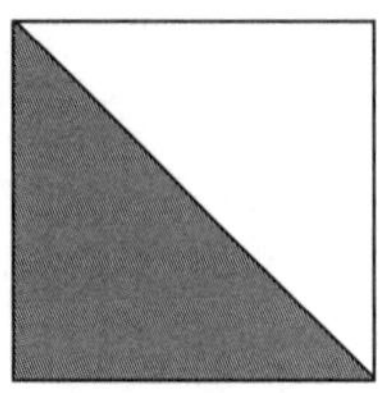

$\frac{2}{4}$

$\frac{5}{6}$

BRUCHANLEGESPIEL (Fortsetzung)

$\frac{8}{12}$

$\frac{3}{8}$

$\frac{4}{3}$

$1\frac{1}{8}$

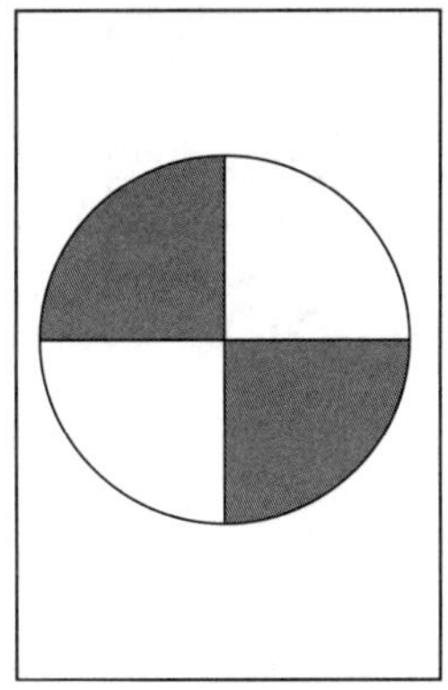

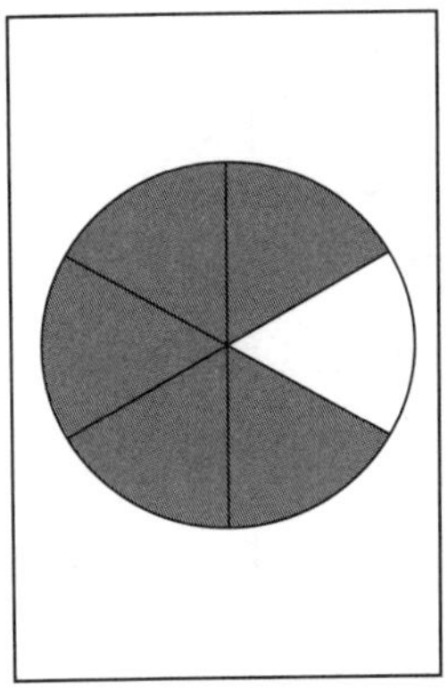

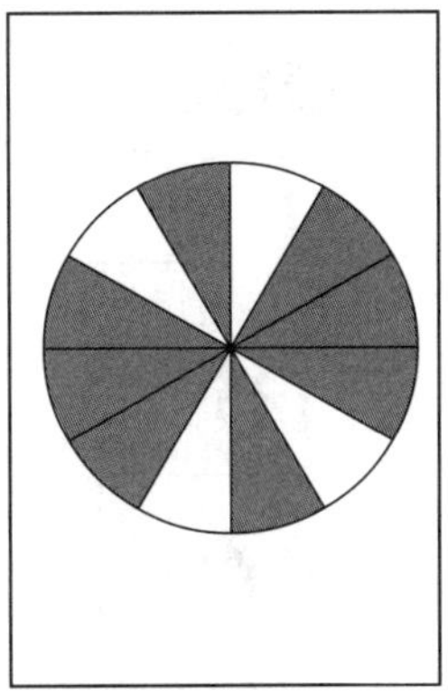

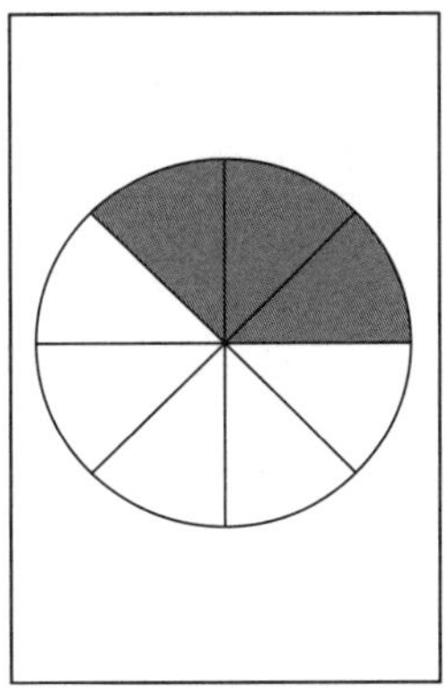

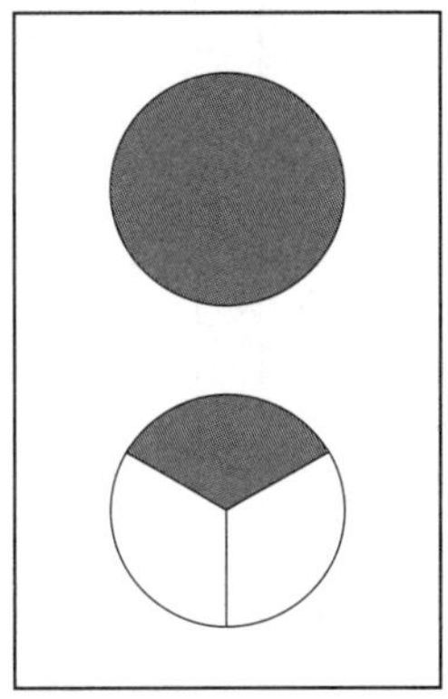

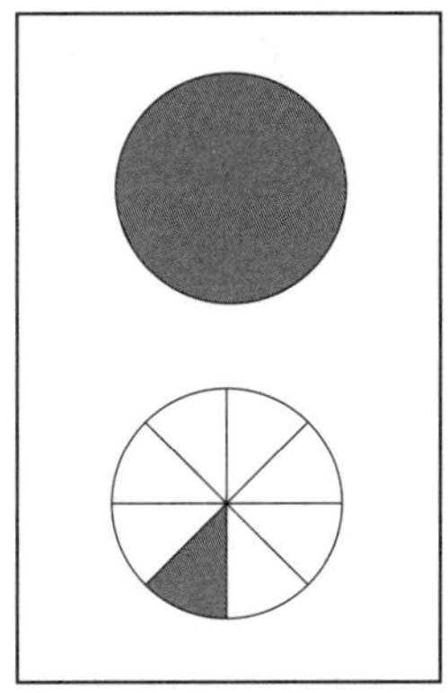

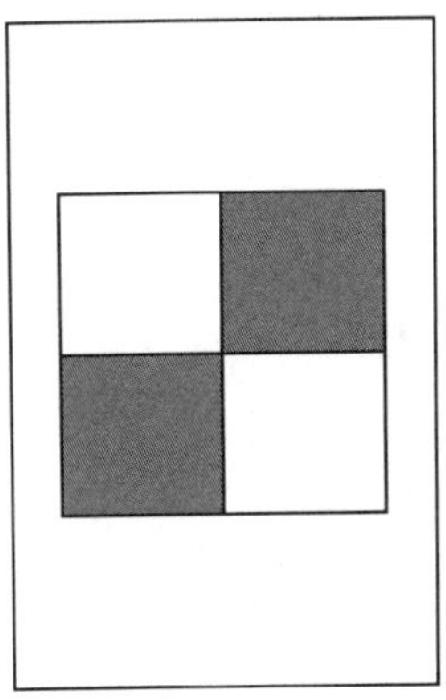

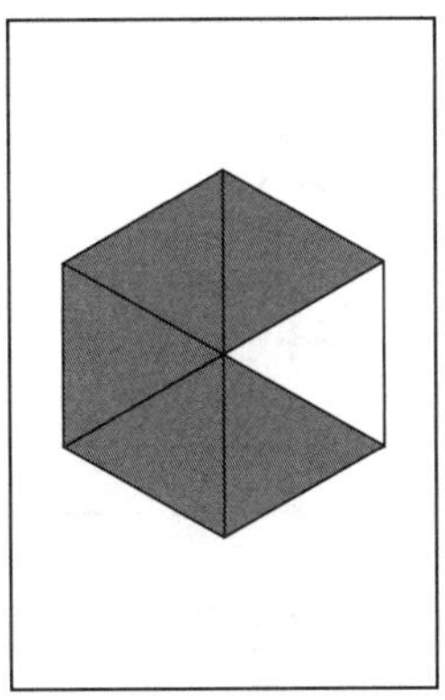

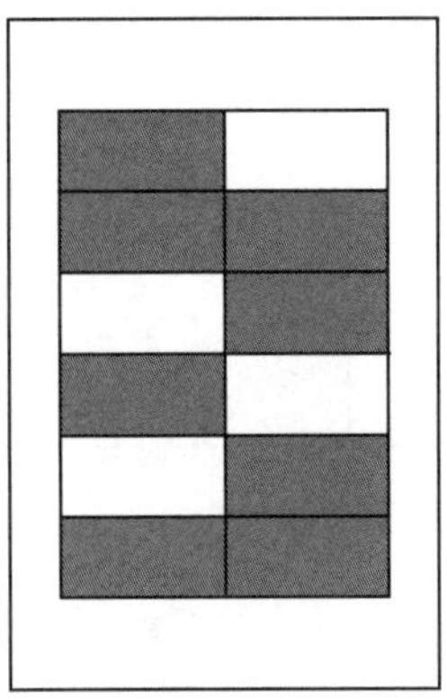

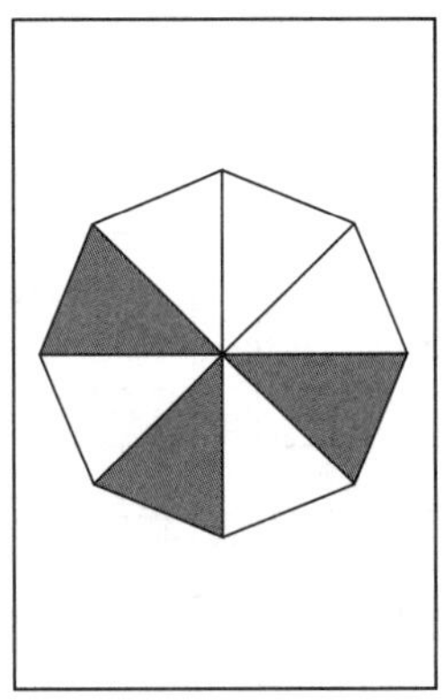

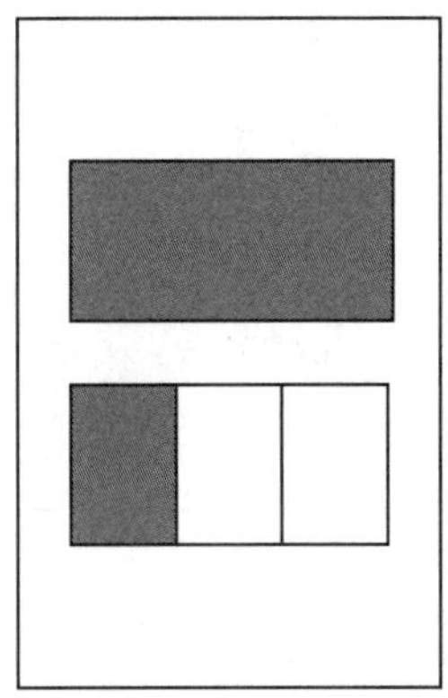

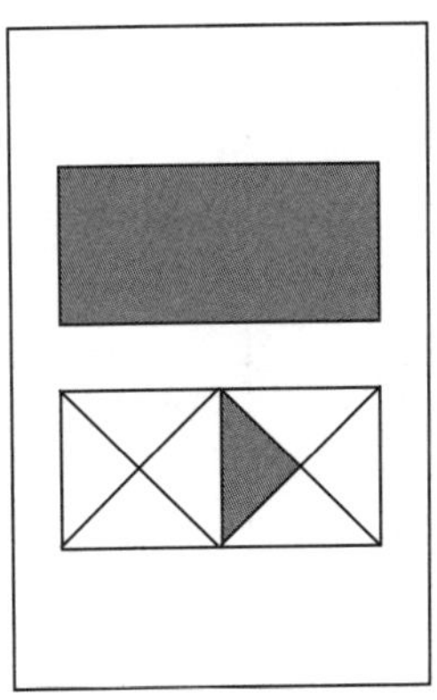

BRUCHDOMINO

$\frac{30}{36}$	$\frac{1}{6}$	$\frac{15}{20}$	$\frac{12}{20}$	$\frac{3}{5}$	$\frac{12}{21}$
$\frac{4}{7}$	$\frac{8}{10}$	$\frac{4}{5}$	$\frac{1}{8}$	$\frac{8}{36}$	$\frac{9}{21}$
$\frac{6}{48}$	$\frac{3}{8}$	$\frac{7}{9}$	$\frac{2}{3}$	$\frac{18}{27}$	$\frac{5}{8}$
$\frac{24}{64}$	$\frac{1}{7}$	$\frac{1}{3}$	$\frac{2}{5}$	$\frac{25}{40}$	$\frac{3}{10}$
$\frac{7}{42}$	$\frac{28}{40}$	$\frac{7}{49}$	$\frac{9}{10}$	$\frac{3}{7}$	$\frac{1}{2}$
$\frac{19}{38}$	1	$\frac{9}{30}$	$\frac{1}{5}$	$\frac{12}{30}$	$\frac{1}{4}$

BRUCHDOMINO (Fortsetzung)

$\frac{27}{30}$	$\frac{2}{7}$	$\frac{4}{44}$	$\frac{3}{4}$	$\frac{7}{35}$	$\frac{35}{45}$
$\frac{4}{14}$	$\frac{5}{12}$	$\frac{11}{11}$	$\frac{5}{6}$	$\frac{15}{36}$	$\frac{1}{12}$
$\frac{7}{84}$	$\frac{1}{10}$	$\frac{5}{50}$	$\frac{11}{12}$	$\frac{22}{24}$	$\frac{1}{20}$
$\frac{5}{100}$	$\frac{2}{15}$	$\frac{7}{10}$	$\frac{18}{54}$	$\frac{6}{45}$	$\frac{5}{18}$
$\frac{25}{90}$	$\frac{70}{35}$	2	$\frac{2}{9}$		

BRUCHZAHLENSKAT

$\frac{1}{2}$ $\frac{1}{2}$	$\frac{1}{3}$ $\frac{1}{3}$	$\frac{2}{3}$ $\frac{2}{3}$	$\frac{1}{4}$ $\frac{1}{4}$	$\frac{3}{4}$ $\frac{3}{4}$
$\frac{1}{6}$ $\frac{1}{6}$	$\frac{5}{6}$ $\frac{5}{6}$	$\frac{1}{8}$ $\frac{1}{8}$	$\frac{3}{8}$ $\frac{3}{8}$	$\frac{5}{8}$ $\frac{5}{8}$
$\frac{7}{8}$ $\frac{7}{8}$	$\frac{1}{12}$ $\frac{1}{12}$	$\frac{5}{12}$ $\frac{5}{12}$	$\frac{7}{12}$ $\frac{7}{12}$	$\frac{11}{12}$ $\frac{11}{12}$

SCHNIPP – SCHNAPP/FRÖHLICHER LEO

0,3	$\frac{3}{10}$	0,75	$\frac{3}{4}$	0,5
$\frac{1}{2}$	$\frac{3}{5}$	0,6	0,25	$\frac{1}{4}$
0,125	$\frac{1}{8}$	$\frac{7}{100}$	0,07	$\frac{7}{10}$
0,7	$\frac{1}{5}$	0,2	$\frac{1}{50}$	0,02

SCHNIPP – SCHNAPP/FRÖHLICHER LEO (Fortsetzung)

$\frac{4}{5}$	0,8	$\frac{3}{8}$	0,375	$\frac{3}{20}$
0,15	$\frac{1}{100}$	0,01	$\frac{17}{100}$	0,17

KLEIN, ABER FEIN

0,12	0,375	$\frac{3}{25}$
$\frac{3}{8}$	0,08	$\frac{4}{5}$
$\frac{7}{10}$	0,7	$\frac{9}{20}$
0,45	$\frac{3}{4}$	0,75
$\frac{5}{8}$	0,625	$\frac{6}{25}$
0,24	$\frac{1}{5}$	0,2

KLEIN, ABER FEIN (Fortsetzung)

$\frac{3}{10}$	$0{,}3$	$\frac{1}{9}$
$0{,}\overline{1}$	$\frac{2}{3}$	$0{,}\overline{6}$
$\frac{5}{6}$	$0{,}8\overline{3}$	$\frac{5}{11}$
$0{,}\overline{45}$	$\frac{5}{9}$	$0{,}\overline{5}$
$\frac{1}{15}$	$0{,}0\overline{6}$	